谷子

高产高效栽培技术

李变梅　编著

中国农业科学技术出版社

图书在版编目（CIP）数据

谷子高产高效栽培技术／李变梅编著．—北京：中国农业科学技术出版社，2014.9

ISBN 978－7－5116－1801－6

Ⅰ.①谷…　Ⅱ.①李…　Ⅲ.①小米－高产高效－栽培－技术　Ⅳ.①S515

中国版本图书馆 CIP 数据核字（2014）第 201460 号

责任编辑　崔改泵
责任校对　贾晓红

出 版 者　中国农业科学技术出版社
北京市中关村南大街 12 号　邮编：100081
电　　话　(010)82109194(编辑室)　(010)82109704(发行部)
(010)82109703(读者服务部)
传　　真　(010)82109708
网　　址　http://www.castp.cn
经 销 者　各地新华书店
印 刷 者　北京富泰印刷有限责任公司
开　　本　850mm×1 168mm　1/32
印　　张　4.375
字　　数　112 千字
版　　次　2014 年 9 月第 1 版　2015 年 9 月第 2 次印刷
定　　价　18.00 元

前　言

谷子是起源于我国黄河流域的古老作物，数千年来一直作为主栽作物，被誉为中华民族的哺育作物。谷子抗旱耐瘠薄，水分利用率高，被称为“旱地农业的绿洲”，是干旱、半干旱地区的优势作物，也是应对北方日益严重水资源短缺的战略储备作物。因此，北方旱作农业可持续发展必须调整种植结构，减少耗水作物种植面积，增加节水作物——谷子种植面积。

谷子在禾谷类作物中营养价值较高，而且营养相对平衡，能够满足人类生理代谢多方面需求。去壳后的小米，据医学典籍记载，性味甘凉，能益脾和胃；陈小米性苦寒，入脾、胃、肾，能和中解毒，治胃热、消渴、利小便；小米煮粥食用有益丹田、开肠胃的作用；外用还可治赤丹及烫火、灼伤等。小米脂肪具有抗血栓、抗脑瘤、抗动脉硬化的作用，同时对降血脂、血压，改善糖尿病并发症也有一定的作用。它是一种营养价值较高，并具有药用价值的作物。此外，谷草是大牲畜的优质饲草。

随着谷子被列入国家现代农业产业技术体系，使得谷子产业发展获得了又一次难得的机遇。在新的历史机遇下，借助“群众路线”的东风，发展农业和农村经济，从而增加农民收入。增加农民收入必备两方面的条件：一是政策，二是科技。科学技术是解决农民增收问题的支撑点和关键点，广大农民普及推广先进适用农业技术，提高农村劳动者的科技素质，是增加农民收入的有效途径。

本书根据当前北方农业实际情况，紧紧围绕当前谷子生产存在的产量低、品质差，栽培费工耗时、效益低等问题，重点向农民朋友推荐如何增加产量，改善品质，优化栽培技术，提高效益为最终目标的一系列技术。包括品种选择（杂交品种、富硒品种、常规品种）、配方施肥、高产优质生产的关键时期与管理技术，涵盖了谷子生产的全过程。本书最具特色之处是介绍了机械化地膜覆盖、化学除草、病虫草害综合防治为核心的谷子栽培技术。该技术彻底扭转了几千年来旱地谷子产量低，品质差的局面，使谷子产业走向规模化、机械化、产业化和可持续发展的健康生产之路。

编　者

2014 年 7 月

目　　录

第一章　谷子概述

第一节　谷子在国民经济中的地位

谷子又叫粟，在我国北方通称谷子，去壳后为小米（南方有的地区为区别于稻谷，称谷子为小米），是我国北方地区重要粮食作物之一。我国的谷子种植面积约占全国粮食作物播种面积5%左右；我国谷子的播种面积和产量均占世界第一位。

谷子适应性广，耐干旱，耐瘠薄，抗逆性强。在高山陡坡或土壤瘠薄干旱地块上，种上其他作物往往生长差，产量低，而种植谷子则表现出相当稳产的特性，也会得到较好收成。谷子可以作为备荒作物栽培，是抗灾救荒的好庄稼。

我国不仅是谷子的起源地，而且是谷子的集中种植国，播种面积占世界谷子播种面积的80%，产量占世界谷子总产量的90%。印度是世界第二谷子主产国，约占世界总面积的10%。澳大利亚、美国、加拿大、法国、日本、朝鲜等国家有少量种植，但其用途除作为粮食外，有的作饲草，有的作鸟饲。在研究方面，我国设立了专门的谷子科研机构（国家谷子改良中心等），对谷子进行品种资源、遗传育种、生物技术、栽培与生理、植物保护、产业加工与利用等全面系统的研究，而且在育种、遗传、植保、加工等方面居领先或先进水平。因此，从起源、遗传资源多样性、生产利用、研究水平和历史作用等方面，均可以说谷子是我国的民族作物和特色作物。

虽然就全国来说谷子已不再是主要粮食作物，但在北方干旱省份仍是重要粮食作物，在一些地区甚至是首要栽培作物，在旱作生态可持续农业和作物生态多样性建设中具有重要地位。如辽宁省建平县、内蒙古自治区赤峰市、河北省武安市等地，谷子播种面积占大秋作物面积的 30% ~40%，不仅是当地农民经济的主要来源，也仍是当地农民的主粮。近年来，随着旱情的发展、富贵病的增加、农产品国际竞争的加剧以及谷子产量水平的大幅度提高，谷子的营养保健价值、国际竞争力和产量潜力被重新认识，有的省份出现了谷子面积回升的势头。辽宁省、吉林省通过种植结构调整，2006 年谷子的种植面积较 2000 年增长 80% 左右。随着世界性杂粮热的兴起和农业产业化的发展，小米作为我国北方和东南亚地区具有悠久消费传统的营养食品，必将有新的发展。

第二节　小米的营养成分及药用价值

谷子去壳就是小米，对小米的性质和应用，古代已有研究，据医书记载，小米性味甘凉，能益脾和胃，陈小米性苦寒，入脾、胃、肾，能和中解毒，治胃热消渴，利小便。煮粥食用有益丹田、开肠胃的作用，外用可以治赤丹及烫火、灼伤等。小米每千克含蛋白质 97 克，脂肪 35 克，碳水化合物 728 克，除脂肪含量低于玉米外，其余各项均比其他粮食含量高，易于消化，口感好。还含有胡萝卜素、维生素 B_1、维生素 B_2 及人体所必需的蛋氨酸、赖氨酸、色氨酸等，是一种营养价值较高的食粮。

一、蛋白质和氨基酸含量

众所周知，蛋白质与人类的生命活动休戚相关，营养学研究表明成人每天需要摄入蛋白质 70 克。根据中国农业科学院保存编目的“中国谷子品种志”及近些年来谷子育种工作者的化验分析研究结果表明，小米中蛋白质平均含量为12.71%。目前最高的蛋白质含量为20.82%。小米中蛋白质含量均高于大米、小麦粉和玉米（表1－1）。根据几年来的研究试验结果表明，品种间蛋白质含量差异相当大，同一品种种植在不同的地区，不同的海拔、不同雨量及温度、不同的土壤性质其蛋白质含量也不一样。

表1－1　小米和主要禾谷类籽粒蛋白质含量的比较

粮食名称	小米	大米	小麦粉	玉米
蛋白质含量（%）	12.71	8.3	9.4	8.5

蛋白质的营养成分又取决于蛋白质含量的多少和构成蛋白质的氨基酸种类及其含量，特别是必需氨基酸的种类和含量。小米中含有17种氨基酸，谷氨酸、亮氨酸、丙氨酸、脯氨酸、天冬氨酸构成了氨基酸的主要组成成分，占总量58.95%，其中，人体必需氨基酸8种，占整个氨基酸总量的41.9%，且含量较为合理，以亮氨酸、苯丙氨酸＋酪氨酸及缬氨酸含量较高，以赖氨酸的含量最低。据文献报道，中国谷子色氨酸较丰富，平均含量为130.8毫克/千克，在所有谷物中独占鳌头，色氨酸能促进人体内褪黑激素的分泌转化，褪黑激素是一种天然的抗衰老激素，它能调节人的睡眠、情绪、免疫、生殖及生物节律。一些保健品的主要保健成分即为松果体分泌的褪黑激素，因而食用小米粥还可起到催眠、保健、美容、长寿的作用。

与大米、小麦、玉米、高粱相比，必需氨基酸指数（EAAI）分别为41%、65%、51.5%、34.3%。从化学成分来看，除了均缺乏赖氨酸外，小米的其他必需氨基酸组成相对比较合理，营养价值较高，这也是我国北方人民把它作为营养品的主要原因之一。谷子与其他几种粮食作物氨基酸成分的比较见表1－2。

表1－2　谷子与其他粮食作物几种主要氨基酸成分的比较

氨基酸名称	谷子	大米	小麦	玉米
异亮氨酸	1.06	0.97	0.82	0.87
亮氨酸	2.02	1.07	0.78	1.52
赖氨酸	0.33	0.49	0.40	0.41
蛋氨酸＋胱氨酸	0.65	0.30	0.24	0.31
苯丙氨酸＋酪氨酸	1.29	0.50	0.54	0.50
苏氨酸	1.00	0.81	0.62	0.86
色氨酸	2.08	1.05	0.76	0.38
缬氨酸	1.00	0.53	0.65	0.72
EAAI	92.72	65.82	56.25	61.24

二、脂肪和脂肪酸含量

脂肪是有机体的重要组成部分，是体内储存能量的重要物质，脂肪还能促进脂溶性维生素的吸收，脂肪含量和脂肪酸的组成也是谷子重要的营养组成部分，是小米品质的重要特征之一（也即是群众评价的油性大小）。根据近年来对谷子品种粗脂肪大量资料研究表明谷子的脂肪主要储存在胚的油质体中，胚的油分含量为34.7%。脂肪含量范围主要集中在2.1%～4.0%，其中，又以含量3.1%～4.0%的脂肪含量比例最高，含量在5.0%以上、2.0%以下的品种只有少数，然而025858品种高达6.93%。表1－3说明，除玉米外，小米中脂肪的含量均高于大米和小麦粉。小米的粗脂肪含量平均为4.28%，其中，不饱和脂肪酸占脂肪酸总量的85%。谷子的脂肪酸主要由棕榈酸、硬脂酸、油酸、亚油酸、亚麻油酸和花生酸组成，其中，能防止动脉硬化、能软化血管的亚油酸含量，粳性品种占脂肪酸含量的13.44%～78.4%，变幅平均为45.92%，糯性品种为66.81%～75.05%，变幅平均为70.93%，即糯性品种高于粳性品种。

表1－3　小米和主要禾谷类籽粒脂肪平均含量的比较

粮食名称	小米	大米	小麦粉	玉米
脂肪含量（%）	4.28	2.50	1.90	4.3

谷子加工的副产物谷糠中，粗糠含油率为4.2%，细糠含油率为9.29%，因而谷糠中可提炼出一种油性物质，即小米糠油，小米糠油可添加其他药品制成软膏用来治疗皮肤病，疗效显著。

三、维生素含量

维生素是具有生物活性的一类低分子有机化合物，人类对其需要量很少，但它是维持机体正常生命活动所必需的营养素，大多数维生素在体内不能合成，必须由食物供给，它参与人体许多重要的生理过程，并且是辅酶组成成分，因此，与人的正常发育及健康密切相关。

谷子含有的维生素主要有胡萝卜素（维生素A）、维生素B_1、维生素B_2和维生素E，一般含维生素A 0.19毫克/100克，维生素$B_1$0.63毫克/100克，这两种维生素的含量均超过稻米、小麦粉和玉米及高粱，尤以小米中维生素B_1含量为最高，维生素B_1对预防和缓解心肌病有显著疗效，较高的维生素含量对于提高人体抵抗力有益，并可防止皮肤病的发生，因此，北方妇女产后有食用小米粥的习俗，养鸟人给笼鸟喂小米可促其生蛋。缺乏维生素A会引起皮肤干燥、呼吸道感染、眼部干燥、畏光、多泪、视物模糊等，1973年克利夫临床医学基金会的香伯格博士总结对小鼠、兔子、仓鼠的一系列致癌试验后说：“当局部地、系统地（内部地或外部地）投给维生素 A 时，它能够阻止良性和恶性肿瘤的发展并抑制他们的发生。”1973 年马萨诸塞州总医院的科恩博士在美国整形和复型外科医学会的会议上说“维生素 A 有增强实验室动物战胜感染的能力，没有任何微生物（细菌）能从它们的血液里培养出来”。

维生素 B_1 还能治脚气病、神经炎和癞皮病；维生素 B_2 能治口臭、失眠、头疼、精神倦怠、皮肤“出油”、头皮屑增多等。美籍日人金松衫博士试验说明，B 族维生素有防治肝癌的作用。

维生素 E 又叫生育酚，对生殖力和预防关节炎、动脉硬化、未老先衰、贫血、血栓等有作用。1973 年美国科学家认为维生素 E 是强抗氧化剂，这种抗氧化物质能够预防染色体破裂，很可能和预防衰老化和癌的发生有重大关系。维生素 E 又分为 E_a 和 E_b，谷子中的 E_a 含量很高。缺乏维生素 E 时，可出现四肢乏力，易出汗，皮肤干燥、头发分叉、妇女痛经等症状。从表 1－4可知，几种粒色比较，以黄谷和黑谷含量较高，金谷和红谷含量偏低，不同米质相比，糯性品种略高于粳性品种，因此，培育富含维生素 E 谷子新品种有很大的发展潜力。

表 1－4　粳性和糯性谷子品种维生素 E_a 含量的比较

单位：毫克/100 克

项目	红谷		白谷		黄谷		黑谷		金谷		青谷	
	粳	糯	粳	糯	粳	糯	粳	糯	粳	糯	粳	糯
	7.86	11.50	11.66	12.97	11.70	15.62	14.99	14.59	7.06	10.54	12.19	12.23

四、矿物质含量

矿物质又称无机盐，虽然仅占人体重量的 4% 左右，但它起着十分重要的作用，在粮食作物中，小米含铁量占优势，铁是构成红细胞中血红蛋白的重要成分，缺铁可导致贫血，所以，食用小米有补血壮体作用。小米中铁的含量超过大米、小麦、高粱和玉米，钙、磷的含量低于小麦粉和玉米，且钙、磷的比值偏高，达 11∶4（钙、磷理想的比值为 1∶2）。小米中锌、铜、镁的含量均大大超过稻米、小麦粉和玉米。锌和儿童生长发育关系很大，1985 年北京儿童医院已经成立缺锌服务部，缺锌者往往有智商低、嗜眼、倦怠的症候。小米中钠的含量较低，低钠对于减轻肾脏病、高血压、体力衰弱、下肢水肿有效果。

五、微量元素含量

小米中微量元素主要以硒较多，平均含量为 0. 071 毫克/千克，变幅为 0. 040 ~ 0. 101 毫克/千克，变异系数为 14. 51%，品种间有明显差异，可以培育富硒的谷子品种。人们对硒的认识较晚，它是一种多功能的营养素，1985 年 7 月在北京召开的营养学会专题资料报道了硒有明显的抗癌作用，另外，一些地方病如克山病、大骨节病，主要致病因子是缺硒。在全国人口普查中发现百岁老人头发含硒量较高，并揭示有机体对硒的摄入量取决于粮食的种类和土壤含硒量，因而一些地区在研究开发富硒品种，根据近年来的研究表明黄谷和黑谷含硒量较高，金谷和红谷含量偏低，糯性品种略高于粳性品种。据有些资料介绍硒又与维生素 E 共存。

第三节　小米脂肪生理功能

小米油脂中所含的亚油酸、亚麻酸和花生四烯酸为人体的必需脂肪酸，人体自身不能合成，只能由食物中摄取。亚油酸是合成共轭亚油酸的前体物质，它与 α-亚麻酸、γ-亚麻酸对人体代谢具有重要的生理功能。

一、抗血栓及心脑血管疾病

γ-亚麻酸作为前列腺素的前体，一方面通过直接生产前列腺素抑制血小板的聚集，另一方面通过衍生成 DGLA 减少花生四烯酸产生，抑制血小板 TXA_2 合成酶的活性，调整 TXA_2 和前列腺素的比值改善心脑血管状况。Ascherio 等也研究发现，α-亚麻酸对冠心病具有特异性预防作用。

二、降血压、血脂及抗动脉硬化

代谢产物对血脂代谢有温和的调节作用，能促使血浆低密度脂蛋白（LDL）向高密度脂蛋白（HDL）转化，降低低密度脂蛋白，升高高密度脂蛋白，降低血脂，防止动脉硬化。陶国琴等研究结果表明：α-亚麻酸代谢产物还能扩充血管，增强血管弹性，起到降血压作用。此外，赵德义等也发现 α-亚麻酸还能通过影响肾素血管紧张素系统，降低血液黏滞度及减弱血管对缩血管物质的反发性降低血压。

动脉硬化的形成与脂质过氧化损伤有关。γ-亚麻酸可抑制脂质过氧化及降低血浆中低密度脂蛋白含量而发挥抗动脉硬化的作用。田歆珍等还研究发现 γ-亚麻酸可降低血液中甘油三酯、胆固醇和 β-脂蛋白浓度，临床统计显示，总有效率分别达到 81.5%、68.2% 和 64.8%。

Fiona 等研究发现，共轭亚油酸能够显著地降低血浆总胆固醇、极低密度脂蛋白和低密度脂蛋白的含量，使早期动脉硬化明显减轻；共轭亚油酸能减少血浆低密度脂蛋白共轭双烯的数目，使低密度脂蛋白共轭双烯化合物形成速率明显减慢。

三、抗肿瘤

已有研究表明，γ-亚麻酸能对乳腺癌等 40 多种肿瘤细胞具有明显的抑制作用。Chen 等研究发现，α-亚麻酸对 BEL-7402 人肝癌细胞的杀伤作用较强，并具有疗效关系。

刘家仁研究发现，共轭亚油酸能调节细胞色素 P450 的活性和抑制致癌过程中涉及的如鸟氨酸脱羧酶、蛋白激酶 C 等酶的活性，并能抑制癌细胞中蛋白质和核酸的合成。Moya 等对共轭亚油酸抗癌的机理进行了研究，认为共轭亚油酸具有调节脂及代谢的能力，可能是抗癌作用的关键机制；此外，共轭亚油酸通过增加细胞凋亡，从而抑制早期癌变损伤的建立也是其抗癌作用的机制之一。

四、杀菌及抗炎作用

γ-亚麻酸对革兰氏阴性菌、阳性菌及藻类的生长具有抑制作用。γ-亚麻酸进入细胞壁后，结合或插入细胞膜，改变膜的流动性及其他生理性质，从而使菌体生长受到抑制。γ-亚麻酸的摄入还可刺激多核白细胞产生活性氧自由基（ROS），调节炎症反应。

Hatanaka 等研究发现，γ-亚麻酸通过诱导激活嗜中性粒细胞转导通路的多个元件，从而增强嗜中性粒细胞的抗炎作用。Lee 等研究证实，α-亚麻酸对蜡状芽孢杆菌和金黄色葡萄球菌有很强的抑制作用，与甘油一酸酯结合后作用更强。Kaku 等也发现，α-亚麻酸与大豆蛋白结合后抗炎作用比与酪蛋白结合时的抗炎作用强。

五、改善糖尿病并发症

在动物和人体内，亚麻酸代谢成 γ-亚麻酸，γ-亚麻酸合成磷脂可增强细胞膜磷脂流动性，增加细胞膜受体对胰岛素的敏感性，而由 γ-亚麻酸生成的前列腺素可增强腺苷酸环化酶活性，

提高 β 细胞胰岛素分泌，减轻糖尿病病情。

共轭亚油酸参与生物体的脂、糖代谢过程，改善失调的脂糖平衡，对于平衡脂及细胞和血糖有重要的作用。2000 年美国化学学会年会发表初步研究结果表明，Ⅱ型糖尿病患者 8 周内每天饮食中补充 6 克共轭亚油酸，可降低体重指数和甘油三酯水平，并且血清胰岛素水平也得到改善。动物试验也表明，共轭亚油酸能够提高基因型糖尿病倾向的动物对葡萄糖的利用，并能够改善糖尿病的症状。在饲喂 5% 含量的共轭亚油酸的大鼠中，其葡萄糖耐受试验血糖反应正常。

六、减肥功能

已有研究表明，共轭亚油酸能诱导能量利用并导致体重的下降，且不储存脂肪。它能够降低肝和白色脂及脂肪组织中脂肪的增殖和三酰基甘油酯的水平，它是很好的过氧物酶体增殖活化受体的配位体和催化剂，可以促进代谢。

Pariza 等研究了共轭亚油酸对白鼠和鸡的体脂肪的减少效果。试验表明，添加有共轭亚油酸的饲料喂食与对照组相比，雄性动物的体脂肪减少约 57%，雌性动物的体脂减少得更多，约 60%，而动物肉质增加了约 5%。Chin 等报道了共轭亚油酸能降低脂肪含量并增加肌肉质量。后来在人及鼠类、鸡等动物中都观察到膳食中补充共轭亚油酸能达到减肥的目的。Delany 等研究指出，共轭亚油酸能够显著地降低大鼠腹膜、子宫旁脂肪垫以及身体重量，它对小鼠体降脂率高达 57% ~60%。Berven 等研究表明，共轭亚油酸对人体降脂减肥效果也非常显著。

第四节　谷草的营养价值

谷草营养价值很高，适口性好，是饲养大牲畜很好的粗饲料。一般谷子籽粒和干谷草的比例为 1：（1～1.2）谷子亩(667 平方米。全书同）产 500 千克，就可收获 500～600 多千克谷草。据报道，谷草干草含粗蛋白质 15%～17%，比一般禾本科牧草含量都高。国外畜牧业比较发达国家，多把谷子作为饲草栽培，在干旱地区干草产量大大超过一般禾本科牧草。因此，种好谷子争取谷子高产，对增加粮食总产，改善人民生活和发展畜牧业生产都有很大的作用。

第二章　谷子生产简况

第一节　谷子的起源

谷子原产于我国，是我国最古老的作物之一，有着悠久的栽培历史。1954 年在西安半坡村新石器时代的遗址中，发现用陶罐装有大量的谷子，证明在我国六七千年前的新石器时代，谷子就已成为重要的种植作物。在四五千年前原始甲骨文字里有谷子的记载很多，这也充分说明，在我国古代，谷子是一种重要的作物。

从现在保存的古书和文献资料可以看到我国勤劳的人民在谷子生产方面所积累的丰富经验。如公元前一世纪西汉时期，我国最早的一部古书《氾胜之书》提出了谷子播种期要根据土壤墒情和物候期决定，以及谷子留种时要在田间穗选。同时记载有“区田种粟”的抗旱播种方法。又如，北魏时期的《齐民要术》中对谷子栽培经验的总结，占有很大篇幅，该书提出“谷田必须岁易”，种谷子不能重茬；谷子播种量必须根据播期的早晚、土壤的肥瘦等条件考虑；提出了“种谷子要垄行整齐，间开苗，使苗不欺苗，幼苗才能长得快，长得好，垄要直，苗与苗要对齐，以便通风”的生产方法，总结了谷子要通风透光的经验；同时提出一套谷子穗选法留种技术，至今仍有现实意义。《齐民要术》记载的谷子品种名称就有 86 种之多。这充分说明了我国劳动人民对于谷子生产有着丰富的栽培选种经验。

全世界栽培谷子的主要产区是在亚洲东南部、非洲中部和中亚细亚等地。以中国、印度、俄罗斯、巴基斯坦、马里和苏丹栽培谷子较多。我国谷子栽培面积约占粮食作物面积的5%，主要分布在淮河以北各省区，约占全国谷子面积的90%以上。其中以华北最多，约占全国谷子面积1/3以上，东北次之，约占全国谷子面积的1/4。以省份而言，黑龙江、吉林、河北、山西、内蒙古自治区等省、区种植较多，一般占该省粮食作物面积的15%～25%。

近几年来，谷子单位面积产量有所提高，各地都出现很多高产典型。当前，谷子在生产上存在着管理粗放，缺苗、草荒、间苗费工等问题，栽培面积有减少的趋势。随着农业机械化的发展，化学除草剂的广泛运用，采用谷子精量、半精量播种，做到少间苗或不间苗以及杂交谷子新品种的培育推广，今后谷子播种面积将会有较大的发展，谷子产量也会得到大幅度的提高。

第二节　谷子的种植区划

谷子适应性强，分布广泛。我国北起黑龙江，南至海南岛，从东到西，都有谷子的栽培。但以淮河秦岭一线以北，西至河西走廊，北至黑龙江省是我国谷子集中产区。谷子主要产区的无霜期较短，气候比较干燥，降雨偏少，生长期间的雨量一般在500毫米以下，但只要做好蓄水保墒工作，即使没有灌溉条件，也能达到较高的产量水平。谷子品种类型较多，只要采取适于当地的品种，温度基本上能满足谷子生长发育的需要。在绝大部分地区温度不是限制谷子生育的因素。根据各地自然气候条件的不同和谷子在耕作栽培制度中的地位，可以把谷子产区划分为以下4个主要产区。

一、东北春谷区

包括辽宁、吉林、黑龙江和内蒙古东部。该区气候寒冷，无霜期短。谷子整个生育期中，降雨量自西向东递增，雨季集中，降雨季高峰明显而稳定，同时，与暖季相配合，对谷子生长有利。7月上旬普遍进入雨季，正值谷子拔节、孕穗和抽穗期，有利于谷子幼穗分化和抽穗。

该区西部春季风大，播后如不注意，往往扒走种子，容易缺苗断垄，秋季多大风，易造成谷穗瞎码和掉粒。生育后期，每隔3~5年发生一次低温冷害，对谷子生产带来较大危害。在生产上要注意抗低温促早熟的栽培（如地膜覆盖等）技术。

二、北方高原春谷区

包括内蒙古自治区、甘肃、宁夏回族自治区、陕西北部、山西大部分地区和河北一部分地区。该区属于内蒙古高原和黄土高原，气候干燥，雨量较少，无霜期较短，春旱严重，常使谷子不能适时播种，影响出苗及幼苗生长。这一地区谷子占粮田面积较大。

该区晴天多，日照充足，蒸发量大，降水不足，风沙大，干旱风害是造成谷子不能增产保收的主要原因。春季气温不稳，常有低温危害，要掌握好谷子的播种期，避免低温危害谷苗，同时最好使拔节期赶在雨季开始，抽穗期在雨季高峰。做好耕作保墒、地膜覆盖等技术，以解决少雨干旱的矛盾，求得谷子高产稳产。

三、华北平原春谷、夏谷区

包括河北省大部分和山东、山西、河南的一部分。该区气候温暖，无霜期较长，雨量适中，降雨量多集中于夏季，春季干旱，秋季少雨多晴，日照充足，适宜种植谷子。该区既有春谷又有夏谷。而夏谷面积有逐步增大趋势。该区夏收季节往往因降雨过多，强度大，形成涝害，造成减产，一般采用适当延迟播种期的办法以减轻春谷生产中的旱、涝威胁，能使谷子增产。

四、黄淮流域夏谷区

包括黄河沿岸的陕西、山西、河南、河北的一部分，淮河以北的大部分地区。该区气温较高，无霜期较长，降雨充足，生长期间降水量约占全年降水量的65%以上，雨期较长。大多在小麦、油菜等早熟作物收获后播种夏谷，约在6月中下旬播种。此时温度高，蒸发强，墒情不足，影响播种保全苗，出苗后又赶上雨季，影响幼苗生长。采用早熟品种，早种早管理以及麦田套种和育苗移栽避免早霜危害是该区谷子增产的有效措施。

第三章　谷子的生物学特性

第一节　谷子的生长发育

一、谷子的生育期

谷子从出苗到成熟所经历的时间叫谷子的生育期。谷子生育期的长短，不同品种在不同的地区差异很大；同一品种在不同地区种植或同一品种由于播种时间不同，生育期的长短也有很大的变化。由于谷子长期在不同地区的栽培，在生长发育的过程中所适应的环境条件不同，因此，形成了不同的生育期类型。在生产上，常把生育期为60~100天的谷子品种定为早熟品种，100~120天的定为中熟品种，120天以上的定为晚熟品种。根据中国农业科学院作物科学研究所分析，纬度相差1°，抽穗期变动2~4天。在海拔较高的地区，变动幅度还要大些。谷子生育期虽然有长有短，但可概括为营养生长和生殖生长两个阶段。即从出苗到抽穗，谷子主要是生长根、茎、叶的营养生长阶段；从幼穗分化到籽实成熟是生殖生长阶段。这两个阶段不能截然分开，从幼穗分化到抽穗，既是谷子生长茎叶的旺盛时期，又处在幼穗分化发育阶段。因此，这个时期是谷子一生当中生长和发育最旺盛的时期。

从播种到成熟，根据外部形态特征的显著变化，可以把谷子分为出苗期、拔节期、抽穗期、开花期及成熟期等几个生育期。

二、种子的萌发和出苗

谷子的籽实是由受精后的子房逐渐膨大发育而成。籽粒成熟后包被在内、外颖中。籽实较小，千粒重一般在2.5~3.5克。在低温干燥密封的条件下，放置10年，种子仍有发芽能力。

种子萌发是指种子经过吸水膨胀和养分转化，胚芽鞘首先胀裂胚部的种皮露出，随即胚芽鞘也胀破种皮而出。胚芽是在胚芽鞘保护下出土。胚芽鞘露出地面见光后停止生长，芽鞘破裂，从中伸出第一片真叶。通常第一叶露出地面1厘米，即为出苗。

种子发芽所需的水分不多，吸水约占种子重量的26%就可发芽，这与其他谷类作物种子发芽对水分的需要相比是较少的。谷子发芽最适宜的土壤田间持水量为50%左右。由于各种土壤质地不同，种子发芽需要土壤水分的含量也不一致。在沙质土壤中，土壤含水量一般以9%~10%为宜，壤土含水量一般以11%~13%为宜，黏土含水量一般以14%~15%才能发芽。

谷子种子发芽最适温度为24℃左右，发芽最低温度为5℃，但发芽极缓慢。黑龙江省嫩江地区农业科学研究所1975年发芽试验，在10~30℃，发芽率都在95%以上，没有明显的差别。温度低，影响发芽快慢，但不影响发芽率。在10℃条件下，第六天才开始发芽，发芽率为39.7%。20℃条件下，第二天发芽率为35.7%；第三天达到90%以上。30℃条件下，第二天发芽率就可达到92%。

谷子出苗后长出一二片叶时，主要靠种子贮藏的营养物质供应，因此，生产上选择大粒而饱满的种子是很重要的。第一、第二片叶越大，它所制造的营养物质越多，谷子幼苗的生长就越好，对以后生育都有良好的效果。谷子在幼苗阶段，茎不明显，而且生长缓慢。

三、根的生长

当种子发芽时，首先长出一条种子根（胚根），种子根上生出侧根，吸收土壤水分和养分供幼苗生长；如土壤含水量降至3%～5%，种子根停止生长。我国北部春谷区，春季土壤墒情较差，长出次生根较晚，种子根健壮与否对抗旱保苗具有重要的作用。

次生根在三叶期开始发生。次生根着生部位是在靠近地表的茎节上，不受播种深度的影响。一般，主茎可长出次生根6～7轮，如肥水充足，春谷稀植的情况下，可以达到9轮。最下层的四层根密集在一起，每层根数3～5条，根直径小，近似水平分布。从第五层开始，大致在拔节前后，越往上每层根数和根量渐多，根直径越大，根入土角度越陡，对谷子中、后期的生长发育影响很大。抽穗前地面上长出二三轮次生根，有吸收土壤水分和养分及防止倒伏的作用。据试验，苗期土壤干旱有助于根的变粗，一旦得水，根就迅速伸长。据观察，苗期干旱时根的基部比浇水者粗3～4倍。所以，苗期土壤较为干旱，反而对根系生长有利，根系发育的好坏，直接影响植株地上部的生长，植株地上部的生长中心主要是根系的生长。从调查看到，拔节前的根重是成倍增长，拔节后的根重虽然增加很多，但增长率却逐渐降低。谷子根群主要分布于50厘米以内表土层中，在表土30厘米以内分布最多，根系最深可达150厘米，在稀植条件下，向四周扩散可达40厘米。谷子拔节后次生根生长迅速，至抽穗期达到高峰，其后生长较弱。

四、分蘖

谷子幼苗出现4～5个叶片时开始分蘖。由于品种不同以及营养条件的差别，分蘖多少，相差很大。也有不分蘖的品种，一般分蘖多的品种分蘖较早。分蘖由分蘖节发生，从叶腋伸出。露出地面的茎节腋芽多呈休眠状态，而密集于表土层中的 2 ~ 4 个茎节最易产生分蘖。分蘖是由下部的第一个分蘖节或第二个分蘖节开始，逐次向上。分蘖力强的品种，由第一分蘖还可再发生第二个分蘖。分蘖的多少还取决于土壤肥力状况、种子密度、播种期和温度条件等。

谷子在一定的条件下，分蘖对生产也有作用，特别在耕作条件较差或苗期害虫较重时，分蘖能弥补缺苗，保证种植密度，这对稳定产量是有利的。

五、叶的生长

叶是茎生长点初生突起形成的叶原基逐渐发育而成的。叶由叶鞘、叶片、叶舌等部分组成。谷子无叶耳。叶鞘为圆筒形包着茎，起保护茎的作用，边缘着生浓密的茸毛。谷子第一片叶为椭圆形，北方通名“猫耳叶”，其他叶片呈披针形，最后一片叶短而阔，称“旗叶”。叶片是进行光合作用和蒸腾作用的主要器官。谷穗中干物质重量的 90% 以上来自抽穗后叶片的光合作用，抽穗前及叶鞘贮藏、输送来的仅占很小一部分，可见叶片在抽穗后形成产量中的重要作用。

叶片数目与茎节数目相同。主茎叶片数的多少与该品种生育期长短有关，一般为 15 ~ 25 片，个别早熟品种只有 10 个叶片。如黑龙江省晚谷子品种龙谷 23 号共长出 23 片叶。下部的叶片随着植株长大而逐渐枯黄，故抽穗后植株上只能见到 9 ~ 14 片叶，有的早熟品种成熟时只见 7 ~ 8 片叶。

谷子植株各个叶片的长度和叶面相差很大。拔节前的 9 个叶片出叶较慢，两叶出生间隔日数 4 ~ 5 天，而且叶片少，叶面积小。拔节后出叶速度加快，两叶出生间隔日数为 2 ~ 3 天。从 9 ~ 10 叶开始，单片叶面积增长量迅速上升，到 17 ~ 19 叶，叶面积最大，以后，逐渐变小，第 15 叶以后出生的叶片，其叶片功能期较长。

谷子从拔节到孕穗是营养生长和生殖生长同时并进的时期，植株生长加快，叶面积迅速增大，到抽穗期，叶面积达到最大值。从栽培管理看，在 10 片叶以前，应适当蹲苗控制，使基部节间健壮，但蹲苗时间不宜超过 10 个叶片，早熟品种蹲苗时间还要短些；11 ~13 片叶展开时要注意追肥和灌水，保证幼穗分化充分及满足茎叶旺盛生长对水、肥的需要。

六、拔节

谷子分化叶片时，茎节也就同时形成，但各节密集在一起并不伸长，进入拔节期后，除茎基部 4 ~5 个节间不生长外，其他各节间都能伸长。各节间生长的顺序从下向上，逐渐进行。茎下部的节间先开始伸长时，也就是拔节的开始。

拔节是谷子生长发育的重要阶段。拔节开始后，即进入茎、叶迅速生长，幼穗迅速分化的发育时期。拔节的早晚除因品种特性不同而有差异外，也因栽培条件的不同有差异，特别是播种时的早晚更为明显。例如，春谷出苗后需要 35 ~45 天才拔节，夏播出苗后只要 25 天左右就开始拔节。拔节以后，植株生长迅速，茎的生长量在拔节后的 20 天内能增长 10 倍以上。孕穗期生长最快时，茎秆在一日内能伸长 5 ~7 厘米。以后逐渐减慢。到开花时，茎秆伸长停止。节间伸长受温度、水分和光照强度等因素影响，在通风透光和苗期干旱条件下节间较短，茎秆较粗，有利于防倒伏。

谷子拔节后的生长中心由根系生长为主过渡到以茎、叶生长为主的阶段。拔节初期，叶片生长较快，而茎秆生长较慢，茎叶比值以叶为大。以后，随着茎秆生长加快，茎叶干重比值逐渐缩小，但叶仍占较大比重，直到灌浆期茎叶比重才趋于平衡。以后，由于茎重继续增加，下部叶片衰老，茎重大于叶重。

七、幼穗分化和发育

1. 谷穗的构造

谷穗长约20～30厘米。谷穗中轴被有软毛。穗轴上着生第一级枝梗；在第一级枝梗上着生第二级枝梗；在第二级枝梗上着生第三级枝梗。小穗成簇，聚生于第三级枝梗上，小穗基部着生1～4条刚毛。刚毛有减轻和防止风害、鸟害的作用，每一个小穗花有二颖片，第一颖片短小，长仅及小穗花的1/3，第二颖片较大。二颖片之间有小花2朵。上位花为完全花，结实；下位花为退化花，不结实。完全花的内外稃，大小略等，退化花只剩外稃和内稃。雌蕊柱头呈羽状分枝，子房侧生3个雄蕊。花药黄白色。靠子房基部侧生2个鳞片（浆片）。

谷穗为穗状圆锥花序。由于第一级枝梗长短、稀密的不同，以及穗轴顶端分叉的有无，形成不同形状的穗型。生产上常见的谷子品种穗型有圆筒型、棍棒型、分枝型等。

2. 幼穗分化和发育

春谷植株拔节后约5～10天，叶原基停止分化，生长锥开始伸长，生长锥的伸长就是谷穗分化发育的开始，春谷一般在6月中、下旬，夏谷约在7月上、中旬，从外部形态上看，春谷已展开12～14片叶，夏谷已展开7～9片叶。谷子生长锥在分化发育成谷穗的过程中，根据形态的变化，大致可分以下几个时期。

（1）生长锥未伸长期：未伸长的生长锥一直保持营养生长时期的特点，为一半圆形，表面光滑，不断分化叶片、节和节间，基部有突起，这是叶原基。为了便于形态上鉴别起见列为一期，实际不属于穗分化形成的范围。

（2）生长锥伸长期：叶片已全部分化完毕。生长锥开始伸长成一圆锥体，长度大于宽度。生长锥由营养生长转向生殖生长，即转向幼穗分化，是谷子个体发育上的重要转折点。

（3）穗枝梗分化期：在伸长的生长锥（穗轴）上发生许多侧生小突起，出现顺序是由下向上进行。这些小突起为第一级枝梗原基。在穗轴上成6行排列。然后，突起进一步发育，体积增加，突起成三角形扁平锥体。在第一枝梗进一步分化的同时，在其两侧出现第二级枝梗原基，顺序也是向顶的，成左右互生二列，在第二级枝梗原基上垂直方向分化出第三级枝梗原基。开始，只在幼穗中部发生，以后向上向下推移；在整个幼穗上越向上部和基部，枝梗数量分化越少。这个时期是决定谷码多少的关键时期，第一级枝梗分化好坏，直接影响着谷码的大小，水肥充足，栽培条件适宜，谷穗长、谷码大，小穗多，如果条件不适，特别是水肥不足，则二三级枝梗分化很少。

（4）小穗小花分化期：在幼穗中上部的第三级枝梗顶端最先出现乳头状突起是小穗原基，出现顺序是离顶式，由上而下逐渐发展。开始，这些小穗原基在形态上与位置上并无差别，但在进一步发育时，有些原基发育成带有小梗的小穗，有的则不再分化，只是长度增加，形成刚毛，所以，刚毛是没有发育的小穗。刚毛多少与长短虽与品种特性有关，也与栽培条件有一定的关系。小穗原基下部出现突起，它的一侧生长较快，发育成第一颖片，接着分化第二颖片，以后开始小花分化。谷子每一小穗有两朵小花。结实小花最先出现外稃，再出现内稃。

由于谷子小穗、小花分化是由穗中上部开始，所以，中上部先开花。一个谷穗分化2 000～15 000个小穗。如果条件不适合，一穗仅有300～500个小穗。

（5）雌雄蕊分化期：在结实花的内稃出现后，穗原基顶端分化出3个圆形突起，呈三角形排列，是雄蕊原基。以后，在3个雄蕊原基中间形成另一乳头状突起，是雌蕊原基，进一步发育成为子房。同时，花药隔形成，孢原组织分化，子房膨大，鳞片形成。穗轴、枝梗各器官迅速增长。

（6）花粉母细胞减数分裂期：此期是决定穗花是否退化的关键时期。此时，花药进一步分化发育形成花粉母细胞，经减数分裂，形成四分子，进一步发育成花粉粒。同时，花伸长，雌蕊柱头产生羽状突起，花部各器官迅速增大。

由于谷穗分化发育的不平衡，往往最早开始分化的小花，处在后期分化阶段，而幼穗基部的小穗分化刚开始。因此，一个谷穗，就是一个谷码内，也是好几个分化期交错进行。一块谷地群体内，由于个体谷穗分化参差不齐，分化时间，往往需要拖长6~7天。

八、抽穗和开花

谷子幼穗发育完成后，穗子从旗叶的叶鞘中伸出，开始抽穗，春谷抽穗约在7月下旬到8月上旬，夏谷抽穗约在8月中旬。从开始抽穗，到谷穗全部抽出，大约需要3天时间，不育穗时间稍长。抽穗期间是营养体生长盛期的顶点，全部抽出后到开花，植株高度不再增加，茎叶生长趋于停止。谷子抽穗早晚决定于幼穗分化的早晚。除品种间有所差异外，缩短光照也能提早抽穗；如遇干旱则延抽穗，并造成“卡脖旱”，抽穗不畅或抽不出穗来。

谷子抽穗后3~4天开花。开花时，鳞片膨胀，使内外稃张开，柱头和雄蕊伸出颖片外，雄蕊纵裂散出花粉。一穗开完花需要10~15天，以开花后的3~5天开花数最多，约占开花总数60%以上。一穗开花次序是由穗中上部的顶端小穗先开放，然后向上、向下扩展。谷穗越小，开花期越集中，一穗开花需时越少。如大穗，开花集中在开花后4~6天，一穗开花需要的日数为13~14天，中穗在开花后3~4天开花最多，一穗开花需时11~12天；小穗在开花后3~4天就达到开花高峰。谷子于每日傍晚到次日上午开花，以半夜后直到午前开花数最多，中午以后，开花很少。地区不同开花盛期也不一样。河南地区气候较热，午夜进入盛期，次日凌晨进入另一开花盛期。黑龙江、内蒙古气候冷凉，午夜以后，才进入开花盛期，第二个开花盛期不十分明显。铁岭地区观察，每日开花最盛期是4～6点，第二开花盛期为20点前后。由此可见，谷子开花多在清晨和晚间。据观察，每日开花盛期的田间温度为21.9～25.3℃，相对湿度为88.3%～96.6%，而白天开花极少时的田间温度为26.3～29.7℃，相对湿度为77.2%～85.8%。这说明谷子开花与温度、湿度关系极为密切，要求是每日当中较低的温度和较高的湿度。

在纬度较高或气温较低的地区，一朵花开闭的时间较长，大致需要90～120分钟；反之，较短。谷子遇到不利开花的气候条件时，有的不能受粉形成空壳。

九、籽粒形成

谷子开花经过受精，子房开始膨大，最初是胚及皮层各部分迅速形成，茎叶制造和贮藏的养分以及根系吸收的养分大都向籽粒输送。谷子开花授粉后，颖果的生长发育开始是向长的方向生长快，宽次之，向厚的生长最晚。种子大小达到最大饱满程度，长、宽、厚不再增加，鲜重增重最大时期是开花后10～20天，以后，粒重增加较缓慢，25天后鲜重达到高峰，以后由于籽粒含水量降低，鲜重逐渐下降，干重则继续增加，籽粒干重的增长曲线与鲜重增长曲线基本平行，但直到30天后，干重仍有增加趋势。

由于开花次序是中部的小穗先开花，然后逐渐向上扩展，因此一穗籽粒充实过程，也是位于中上部枝梗上的籽粒先增重，然后，向上下扩展。每一枝梗上的籽粒是以由上而下的顺序增重。虽然谷穗上一个小穗开花到成熟只需要30天左右，由于一穗上先开花与后开花相差10天以上，因此，整个穗从开花到成熟就需要40~45天。开花后的30天内是决定产量的重要时期。

由于一穗中上部的小花先开放先增重，因此谷穗上开花较迟的弱势花形成秕粒的机会最大。如一穗基部的小穗，每一枝梗上下部的小穗形成秕粒的百分数最高。灌浆时有机物质都是优先供给穗上发育占先的优势籽粒，而不是平均分配到每个籽粒中去。生育后期如果适于制造有机物质或适于营养物质运转的条件不够时，这些发育落后、灌浆迟缓的籽粒就容易形成秕粒。在正常情况下，一穗谷子的秕粒率为15%~20%，其中，以穗基部所占比例较大，中上部比例最小。

谷子幼穗分化过程的好坏，决定每穗粒数的多少，只是高产的第一步，还不是实际的产量，只是产量容纳的能力。真正产量要看在灌浆期间全部小花的充实饱满程度。灌浆充实饱满，籽粒产量就高。抽穗后保持较大的绿叶面积及延长绿叶功能期以增光合作用，有利于提高穗粒重。谷子成熟过程，可分以下3个时期。

（1）乳熟期：植株养分大量向籽粒输送，是粒重增长的主要时期，籽粒颜色由深绿变成浅绿，胚乳由清乳状浓缩成炼乳状，水分含量由80%减少到50%左右。乳熟后期，干重急剧增长。

（2）蜡乳期：籽粒表面由绿色转变为黄绿色，胚乳由浓缩状变成湿粉状，籽粒上部挤出少量乳状物，干重增长由快减慢，籽粒含水下降到35%左右。

（3）完熟期：籽粒胚乳变硬，含水量下降到20%。含水量下降与气候条件关系很大。天气干燥，籽粒含水量可以下降到15%以下。籽粒干物质停止积累。籽粒体积缩小。颖片失水干枯。

第二节　谷子对外界环境条件的要求

一、水分

谷子比较耐旱，蒸腾系数为142～271，低于高粱（322）、玉米（368）和小麦（513）。

谷子发芽要求水分不多，吸水量达种子重量的26%就可发芽，在耕层土壤含水量9%～15%时，就可满足种子发芽对水分的需求量。田间土壤持水量为50%，温度在15～25℃时，幼苗出土较快。春季土壤水分过多，导致土温降低，土壤空气缺乏，反而对发芽不利。谷子出苗到拔节期间，地上部生长较慢，植株较小，消耗水分较少，积累干物质也不多，所以，蒸腾系数最高，如表3－1。而地下部分发育较快，这时它的耐旱性表现特别明显，即使土壤持水量在10%的情况下，幼苗仍可暂时不导致旱死，一旦得到水分供应，又可恢复正常生长。苗期适当干旱有利于蹲苗，促根下扎，基部茎节粗壮，对以后防旱防倒有积极的作用。农谚“小苗要旱，老苗要灌”，说明谷子耐旱是在苗期，如表3－2。

表3－1　谷子不同生育阶段对水分的消耗

生育时期	三株消耗的水分		创造的干物质重		蒸腾系数	蒸腾效率
	克	%	克	%		
出苗—分蘖	909	14	1.3	3	700	1.4
分蘖—抽穗	1 936	32	10.3	24	187	5.3
抽穗—成熟	3 258	54	3.3	73	104	9.6
出苗—成熟	6 098	100	42.9	100	142	7.0

表3-2　不同发育时期灌溉、干旱对谷子的影响

处理	秆长（厘米）	秆重（克）	平均穗长（厘米）	平均株穗重（克）	平均穗重（克）
全期灌溉	139.8	31.3	19.0	34.2	9.13
幼穗分化期以前干旱，以后灌溉	135.8	29.3	22.9	39.3	11.77
幼穗伸长期干旱以后灌溉	109.0	16.7	15.7	18.6	5.09
开花以前干旱，以后灌溉	76.8	10.3	13.3	19.0	5.72
全期干旱	86.4	7.8	12.1	13.1	3.59

谷子拔节后耐旱性逐渐减弱，特别是孕穗期受旱，影响穗粒数。据资料记载，抽穗前10~20天直至抽穗期，即小花分化、雌雄蕊原基分化及花粉母细胞四分子期对水分要求最为迫切，是谷子增粒的水分临界期。如表3-2。幼穗分化以前干旱，对茎秆和穗的生长发育并不影响，只要以后不缺水，可以恢复生长；幼穗分化期和开花期以前如遇干旱，后期虽然不缺水，也弥补不了对穗长、穗重的减轻。从孕穗开始直到抽穗开花的短短20多天，需水量最多，约占全生育期需水量的42.9%。说明谷子从孕穗到开花是其一生中需要水分最多最迫切的时期，谷子的穗长、穗码数、粒数受这个时期水分供应充足与否影响很大。如果在此时期水分不足，极易造成“胎里旱”和“卡脖旱”，谷穗变小，形成秃尖瞎码。据试验，不同生育阶段耗水量如表3-3。

表3-3　谷子不同生育阶段的耗水量

发育阶段	出苗—拔节	拔节—枝梗分化	孕穗—抽穗	开花	灌浆	成熟	出苗—成熟
耗水量（千克）	2.8	10.2	10.05	9.75	8.9	4.45	46.15
耗水百分数	6.1	22.1	21.8	21.1	19.3	9.6	100

开花灌浆期是决定籽粒饱满程度，增加穗粒重的关键时期，

对于茎叶所制造的营养物质由籽粒输送及保证灌浆，仍然需要充足的水分，但此期天阴下雨对授粉不利，因此谷子在开花灌浆期间要求土壤湿润而天气晴朗，田间土壤持水量以 70% 左右为合适。

灌浆后期直到成熟对土壤水分要求减少，以免贪青，延长成熟期，增加秕谷。在日照充足的条件下，加快籽粒灌浆速度，有助于籽粒饱满。如连阴雨后又烈日暴晒，谷子容易发生“腾伤”现象。谷子一生对水分要求的一般规律可概括为“早期宜旱，中期宜湿，后期怕涝”。

二、温度

谷子是喜温作物，全生育期要求平均气温 20℃左右，生育期间的积温为1 600～3 300℃。春谷积温为1 833～3 065℃，夏谷为1 639～2 418℃。某些高纬度地区的早熟品种，积温低于1 600℃。

谷子发芽温度为5℃左右，但发芽极缓慢，需要 10 天以上。当表层土壤温度达到20℃时，播后只需要 5～6 天就可以发芽出土。谷子发芽最适温度 24℃，通常田间土层 10 厘米温度达到 5～10℃，即可播种。谷子出苗早晚与耕作栽培条件很有关系，如播种过深，整地粗糙，都会延迟出苗的时间。如温度较低，种子迟迟不能发芽，容易感染病害（如红叶病）。

谷子幼苗短时能耐 2℃左右低温，但不耐霜冻，－2～－1℃的低温可使谷苗受冻害。苗期适温为 20～22℃。在生产条件下，苗期以较低温度为宜，这样有利于根系下伸，有助于蹲苗，对培育壮苗有利。资料记载，拔节到抽穗这一阶段，平均气温 28.4℃，需要23 天才抽穗，气温平均降至 25.4℃，就延长到 35 天，降至 20℃以下，延长到 43 天，到 13℃以下，则不能抽穗。拔节到抽穗这一阶段适宜的气温，平均为 25～30℃。在这个条件下，谷子生长迅速，茎秆粗壮，抽穗整齐，幼穗分化发育速度加快。

气温 18～21℃，相对湿度 80%～90%，最利于开花。气温过高，影响花粉的生活力和授粉，气温低于 10℃，则花药不开裂，花器易受障碍型冷害。谷子灌浆的适温是 20～22℃，如昼夜温差大，有利于干物质积累，可促使籽粒饱满。白天温度低于 18℃或阴雨天气，光合作用强度低，也会影响灌浆，延长成熟期，减低粒重。据观察，灌浆最低温度为 16℃。在籽粒灌浆成熟期间，昼夜温差大，有利于谷子蛋白质的合成。

三、光照

谷子为喜光作物，在光照充足的条件下，光合效率很高，但在光照减弱的情况下，光补偿点高，光合生产率较玉米、高粱、大豆等作物为低。利用谷子与其他高秆作物间作时，必须注意谷子不耐阴的特性，在幼苗期，光照充足，有利于形成壮苗，在穗分化前，缩短光照能加快幼穗分化速度，但使穗长、枝梗数和小穗数减少；延长光照，就能延长分化时间，增加枝梗数和小穗数。在穗分化后期，即花粉母细胞的四分子体分化时，对光照强弱反应敏感，此时光弱，就会影响花粉的分化，降低花粉的受精能力，空壳率增多。在灌浆成熟期间，亦需要充分的光照条件，光照不足，籽粒成熟不好，秕粒增加。农谚“淋出秕来，晒出米来”就是指这个时期。

谷子为短日照作物，在生长发育的过程中需要较长的黑暗与较短的光照交替条件，才能抽穗开花。谷子在拔节以前，每日光照时数在 15 个小时以上，则大多数品种不向生殖生长转化，停留在营养生长阶段，生育期延长；短于 12 小时，则缩短营养生长，迅速进入生殖生长，发育加快，提早抽穗。谷子对短日照反应，因品种而不同，一般春播品种比夏播品种反应敏感。在引种换种时，必须考虑到品种的光照特性。实际上，光照与温度对谷子生育的影响是密切相关的，低纬度地区品种引到高纬度地区或海拔低地区的品种引到海拔高的地区种植时，由于日照延长，气温降低，抽穗期延迟。相反，如果把北方品种引到南方或高山地区品种引到平原地区种植，则表现生长发育加快，生育期缩短，成熟提早。

四、养分

谷子虽然具有耐瘠的特点，但要获得谷子高产，必须充分满足谷子对营养的需要。春谷每生产 100 千克籽粒约从土壤中吸收纯氮 2. 5 千克、五氧化二磷 1. 35 千克、氧化钾 1. 85 千克；夏谷亩产 100 千克籽粒需要从土壤中吸收纯氮 2. 5 千克、五氧化二磷 1. 2 千克、氧化钾 2. 4 千克。

谷子在不同生育阶段吸收氮、磷养分数量有显著的不同。苗期植株生长缓慢，吸收养分数量较少，约占全生育期需要养分总量的 3%，拔节后直到抽穗前的 20 多天内，植株进入营养生长与生殖生长并进时期，植株对养分的吸收显著增大，形成全生育期第一个养分吸收高峰，在此一个月内氮素吸收量达到 1/2 ~ 2/3，磷素吸收量也达到 1/2 以上。因此，抽穗前的孕穗期是谷子需要养分最多时期，也正是植株生长最旺盛时期，干物质积累最多时期。

抽穗时，营养体生长速度下降，植株体内养分分配重新调整，养分吸收量暂时减少；开花后，养分数量又有所增加，供应籽粒充实，干物质积累上升，形成全生育期第二个高峰，氮、磷吸收量约占总数的 20%。灌浆时营养体生长停止，吸肥力减弱，结实器官需要的营养，大多数来自营养体养分的再利用，成熟时大部分养料运往籽粒。谷子对磷素的吸收比较均匀，不像对氮素的吸收变化幅度很大；到灌浆后期，植株对氮素的吸收逐渐减少，而对磷素的吸收量又有回升，这与灌浆期谷子植株有机物质合成、运转，需要较多的磷素有关。

谷子一生中对氮素营养需要量大，氮肥不足，植株内核酸及叶绿素合成受阻，表现植株矮小，叶窄而薄，色黄绿，光合效率低，穗小粒少，植株早衰，秕粒增多；氮肥充足，植株茎叶浓绿色，叶片功能期加长，光合作用增强。

在全生育期中，叶片含氮率最高，其次为穗，再次分别为叶鞘、茎秆及根。成熟后，以穗粒含氮率最高，另外，各部位初生器官含氮率都高，随着植株的生长，营养器官的氮素含量逐渐下降，以叶片下降速度最慢。

从拔节，枝梗分化，小穗分化，四分体分化初期、盛期直到花期，施用氮肥，均有增加籽粒数的效果。试验表明，以枝梗期氮素效率最高。枝梗分化期为增加小穗花数的氮素临界期，而花粉母细胞四分子体初期为降低空壳率的氮素临界期。花期氮素营养有延长绿叶功能期，提高籽粒蛋白质含量的作用。

磷素能促进谷子生长发育，使谷子体内糖和蛋白质含量增多并提高抗旱抗寒能力，减少秕粒，增加千粒重，促进早熟。磷素不足，影响细胞分裂和新细胞形成，根系发育差，叶片呈紫红色条斑，延迟成熟。

谷子一生对磷素的代谢极为活跃，在穗分化过程中，小穗原基分化阶段出现吸收磷素营养高峰并大量集中在幼穗部位。苗期施磷不仅对营养生长及生殖生长有促进作用，而且能够参与抽穗后穗部的生理活动，在谷子后期施磷则多留于茎叶营养器官内，所以磷肥应多用于底肥、种肥而少用于追肥。谷子生育前期磷素多集中于叶鞘、叶片和根部，孕穗开始根部含量减少，茎秆、叶片一直保持较高含量，含磷量占全株总量的15%～20%，开花后，磷素逐渐输送到穗部，成熟时茎秆磷素含量降到3%以下。

钾素有促进糖类养分合成和转化的作用，促进养分向籽粒输送，增加籽粒重量，促进谷子体内纤维素含量的增高，因而使茎秆强韧，增强抗倒伏和抗病虫害的能力。谷子幼苗需钾较少，大致在5%左右。拔节后，由于茎叶生长迅速，钾素的吸收量增多。从拔节到抽穗前的一个月内，钾素的吸收量达到60%，为谷子对钾素营养吸收的高峰。以后，吸收较少。成熟时植株体内钾素含量高于氮、磷。有机肥料中含有大量钾素营养，因此常施有机肥料的土壤，不需专门施钾肥，但随着生产条件的不断发展，使氮、磷、钾三要素在新的水平上协调起来。

除氮、磷、钾以外，谷子还需要多种微量元素，但需要量甚微，土壤和农家肥料中不缺，一般不需施用。

五、土壤

不同质地的土壤都可种谷，但由于谷粒小，幼苗顶土力弱。黏性土壤种谷，如整地粗放，坷垃压苗，出苗不易，但这种土壤保水保肥能力强，谷子后期生长良好；沙性土壤利于谷苗顶土，但后期要加强水肥供应，以免脱肥早衰。最适合谷子栽培的土壤是土层深厚，有机质丰富的沙壤土。谷子生长后期怕涝，如果土壤水分过多，容易发生“腾伤”现象，所以，在地势低的地块种谷要注意雨季排水。从地势上看，谷子宜种在坡岭地上，因为坡岭地通风透光，排水容易，利于谷子灌浆，成熟度好，秕粒少，比同等肥力的平川谷子产量高。在坡岭地上，其他作物的产量也不及谷子。

谷子适应种于中性土壤。谷子抗碱性不如高粱、黍、棉花等作物。土壤含盐量在千分之二到千分之三，则需要采取改良土壤措施才宜谷子生长。我国南方新开垦的红壤，酸性很强，pH值为4.5~5.5，经过试验也能获得良好收成。

第四章　谷子新品种介绍

第一节　杂交谷子新品种

一、张杂谷3号

（1）品种来源：由张家口市农业科学院育成的抗除草剂谷子杂交种，2005年通过国家品种鉴定。

（2）特征特性：生育期115天，绿苗绿鞘，单株有效分蘖率0~2个，株高162厘米，穗长25.8厘米，穗型棍棒状，单穗粒重23克，千粒重3.1克，抗病、抗倒、抗旱，黄谷黄米，适口性好，在2013年3月全国第五届优质食用粟评选中被评为优质米。

（3）产量表现：一般亩产400~650千克，旱地表现突出。

（4）适宜范围：适宜在河北、山西、陕西、甘肃省北部以及内蒙古自治区、辽宁、黑龙江等≥10℃积温2 700℃以上地区种植，尤为适宜旱地。

二、张杂谷5号

（1）品种来源：由张家口市农业科学院育成，通过市级品种审定。

（2）特征特性：生育期125天，绿苗绿鞘，株高162.2厘米，穗长25.6厘米，穗型棍棒状，谷码105个，结实性好，单穗粒重22.4克，千粒重3.1克，抗病、抗倒、喜肥水，白谷黄米，米质上乘，在2004年被评为国家一级优质米。

（3）产量表现：一般亩产400～700千克，最高产量达800千克以上。

（4）适宜范围：适宜在河北、山西、陕西、甘肃省北部以及内蒙古、辽宁、黑龙江等≥10℃积温2 800℃以上地区有水浇地块种植。

三、张杂谷6号

（1）品种来源：由张家口市农业科学院育成的较早熟谷子杂交种。

（2）特征特性：生育期110天，绿苗绿鞘，株高152.2厘米，穗长25.6厘米，穗型棍棒状，谷码子105个，单穗粒重22.4克，千粒重3.1克，抗病、抗倒、抗旱，黄谷黄米，品质优，适口性好，在全国小米鉴评会上被评为优质米。

（3）产量表现：旱地亩产350～400千克，最高产量达600千克以上。

（4）适宜范围：适宜在河北、山西、陕西、甘肃省北部以及内蒙古自治区、辽宁、黑龙江等≥10℃积温2 500℃以上地区种植，尤为适宜旱地。

四、张杂谷8号

（1）品种来源：由张家口市农业科学院育成的夏播谷子杂交种。

（2）特征特性：生育期90天，绿苗绿鞘，株高100～120厘米，穗长一般25～33厘米，穗粒重50克，抽穗至成熟40天，灌浆时间长。根系发达，耐旱抗倒，优质高产。黄谷黄米，色味俱佳，适口性好。

（3）产量表现：亩产可达500千克以上。

（4）适宜范围：适宜在河北、山西、陕西、甘肃省北部以及内蒙古自治区、辽宁、黑龙江等≥10℃积温3 000℃以上地区肥水条件好的地块种植。

五、张杂10号

（1）品种来源：由张家口市农业科学院最新选育而成抗除草剂谷子杂交种，已通过国家鉴定。

（2）特征特性：生育期132天，株高150厘米，穗长23.9厘米，穗重40.8克，穗粒重30.25克，出谷率74.14%，千粒重3.0克。穗呈棍棒型，松紧适中，黄谷黄米。综合性状表现良好，适应性强，稳产性好，抗病、抗倒，熟相好，抗除草剂，米质优良。

（3）产量表现：亩产可达500~800千克。

（4）适宜范围：适宜在河北省、山西省、陕西省、河南省等地夏播。

六、张杂9号

（1）品种来源：本品种由张家口市农业科学院育成。2008年12月全国农业技术推广中心鉴定通过，鉴定编号：国品鉴谷20080050。

（2）特征特性：生育期128天，需≥10℃有效积温2 850℃以上。绿苗绿鞘，单株有效分蘖率0~2个，株高114.5厘米，穗长23.7厘米，穗粒重16.2克，千粒重3.09克，穗型棍棒状，适应性强，稳产性好，根系发达，抗病抗倒，米质优良，达到国家优质米标准。

（3）产量表现：一般亩产400千克，高产田达到750千克以上。

（4）栽培要点：每亩播种量500～700克，适当早播；4～5叶期一次性定苗，根据地力每亩留苗密度1.2万～1.5万株，即：行距25厘米，株距20～22厘米；施足底肥，结合定苗锄头遍地，顺垄亩施尿素5千克，拔节期亩施尿素15～25千克，抽穗期追施尿素10千克；注意防治苗期害虫和谷瘟病、谷锈病。

（5）适宜范围：建议在河北省、山西省、陕西省、甘肃省北部及内蒙古、辽宁省等≥10℃积温2 850℃以上地区春播，其他各省的同一生态类型区均可种植。

七、张杂谷11号

（1）品种来源：是张家口市农业科学院选育成功的谷子两系杂交种。在全国小米鉴评会上评为一级优质米

（2）特征特性：绿苗绿鞘，春播生育期125天，夏播90天，单秆无蘖。成株茎高117厘米，穗长32厘米，穗粗2.0厘米，棍棒穗型。单株粒重29.1克，千粒重3.1克，出谷率74.8%，谷草比为1.5∶1，白谷黄米。表现抗逆性较强，高抗白发病，线虫病。抗旱、抗倒、适应性强（略比张杂谷8号强些）、高产稳产、米质特优中糯性适口性好。

（3）产量表现：一般亩产600千克，最高亩产800千克。

（4）栽培要点：该杂交种增产潜力大，要求生育后期肥水供应充足；亩施磷酸二铵10千克和圈肥3 000～4 000千克；春播区5月上中旬，夏播6月25日至7月5日前为宜。亩播量0.5千克，使用谷子专用播种机亩用种0.3千克；间苗时要严格去掉黄苗留绿苗，株行距13.3厘米×26.6厘米，播种深度2～3厘米。留苗密度，中上等地2.5万株/亩，下等地1.5万株/亩；亩追尿素30千克，其中，拔节期追10千克，抽穗期追15千克，灌浆期结合浇水追5千克。

（5）适宜范围：河北、山西、山东、河南、陕西、甘肃、

内蒙古自治区（以下称内蒙古）等省（区）北部≥10℃积温2 800℃以上肥水条件好的地区均可种植。

第二节　常规谷子新品种

一、晋谷21号化控简化间苗谷子

（1）品种来源：山西省农业科学院谷子研究所。技术特点是选择晋21号优良品种利用化学制剂处理部分谷种与正常谷种按一定比例混匀后播种，当幼苗长到两叶时，一部分幼苗渐渐自然死亡，留下部分幼苗正常生长，从而达到免间或少间苗的目的，能有效减少养分消耗，培育壮苗。具有省工节资、操作简便利于提高产量等特点。

（2）操作要点及产量表现：该技术要求整地质量要高，避免粗糙大坷垃地和特别干旱地使用。今年，我们示范推广谷子化控间苗技术1 000亩，通过试验达到了预期目标，按每亩节省2～3个工，每工25元计，每亩节约工费50～75元，从阳曲县候村、泥屯等乡镇的试验示范情况看，正常亩产量可达到250～300千克。

二、晋谷34号（国审品种）

（1）品种来源：山西省农业科学院作物遗传研究所。

（2）特征特性：该品种幼苗绿色，无分蘖，苗期生长整齐，长势强，茎秆粗壮坚韧，主茎高150厘米，穗长30厘米，穗型呈纺锤形，穗码松紧度适中，短刚毛，黄谷黄米，穗重19.1克，穗粒重16.1克，出谷83.8%，千粒重3.2克。耐旱，抗倒，抗红叶病，高抗谷瘟病，后期不早衰，成熟时为绿叶黄谷穗，在太原地区生育期125天。

（3）营养品质：该品种品质优良，其小米营养丰富，米粒鲜黄，香味浓郁，经农业部谷物品质监测中心测定，小米蛋白质含量为 11.91%，脂肪含量 5.30%，维生素 B_1 为 0.63 毫克/100 克，直链淀粉 15.62%，胶稠度 132 毫米，糊化温度 5.3 级，品质与对照晋谷 21 号相当，2001 年 3 月在全国第四次优质米品质鉴评上荣获国家一级优质米称号。

（4）产量表现：亩产 300 千克以上。

（5）栽培要点：一般以 5 月上、中旬播种为宜，亩留苗密度 2.5 万 ~3.0 万株，播前施足底肥，及早定苗，中耕锄草，适时追肥。

（6）适宜种植区域：适合西北黄土高原地区及山西省春播中、晚熟区种植。

三、晋谷 36 号（国审品种）

（1）品种来源：山西省农业科学院作物遗传研究所。

（2）特征特性：该品种幼苗深紫色，无分蘖，主茎高 150 厘米，穗长 26 厘米，穗型呈纺锤形，穗码紧度适中，短刚毛，黄谷黄米，穗重 18.6 克，穗粒重 15.2 克，千粒重 3.0 克，耐旱，抗倒，抗红叶病、黑穗病、白发病，后期不早衰，绿叶成熟。太原地区生育期 125 天。

（3）产量表现：亩产 300 千克以上。

（4）营养品质：该品种品质优良，米粒鲜黄，小米蛋白质含量为 13.38%，脂肪含量 4.92%，维生素 B_1 6.8 毫克/千克，直链淀粉 15.88%，胶稠度 110 毫米，糊化温度 4.8 级，达到国家一级优质米标准。

（5）栽培要点：亩播种量 0.8 ~1.0 千克，以 5 月上、中旬播种为宜，亩留苗 2.5 万 ~3.0 万株，播前施足底肥，有条件最好秋施农家肥，出苗后及早定苗，中耕锄草，适时追肥。

（6）适宜种植区域　适合山西省春播中、晚熟区无霜期 150 天以上丘陵山区旱地种植。

四、晋谷 41 号（国审品种）

（1）品种来源：山西省农业科学院作物遗传研究所。

（2）特征特性：该品种幼苗叶鞘紫色，株高 130.9 厘米，穗长 22.0 厘米，穗重 19.6 克，穗呈筒形，松紧适中，穗粒重 15.9 克，出谷率 81.1%，千粒重 2.77 克，黄谷黄米。该品种抽穗整齐，成穗率高，综合性状表现良好，稳产性好，抗倒抗病，熟相好，适应性广。太原地区生育期 120 天。

（3）产量表现：亩产 320 千克。

（4）营养品质：经农业部谷物品质监督检验测试中心分析，蛋白质含量为 14.59%，脂肪含量为 4.43%，维生素 B_1 为 0.54 毫克/100 克，直链淀粉为 17.17%，胶稠度 117.5 毫米，糊化温度 3.7 级，超过国家二级优质米标准。

（5）栽培要点：亩播量 0.8～1.0 千克，以 5 月上、中旬播种为宜，亩留苗 2.5 万～3.0 万株。在播前施足农家肥的基础上，亩增施硝酸磷肥 40 千克，作底肥一次深施，出苗后早间苗，早定苗，早中耕。

五、晋谷 42 号（国审品种）

（1）品种来源：山西省农业科学院作物遗传研究所。

（2）特征特性：该品种幼苗绿色，株高 140 厘米，穗长 22 厘米，穗重 17.3 克，穗呈纺锤形，穗码松紧度适中，穗粒重 14.3 克，出谷率 79.2%，千粒重 2.8 克，黄谷黄米。抽穗整齐，后期不早衰，绿叶成熟。太原地区生育期 120 天。

（3）产量表现：亩产 325 千克。

（4）营养品质：该品种品质优良，其小米米粒鲜黄，香味浓郁，2006年经农业部谷物品质监督检验测试中心分析，蛋白质含量为11.93%，脂肪含量为4.30%，维生素B_1为0.60毫克/100克，直链淀粉为18.70%，胶稠度117.5毫米，糊化温度3.8级，营养品质超过国家二级优质米标准。阳曲县示范亩产320千克。

（5）栽培技术要点：亩播种量0.8~1.0千克。以5月上、中旬播种为宜，亩留苗2.5万~3.0万株。在播前施足农家肥的基础上，亩增施硝酸磷肥40千克，作底肥一次深施，出苗后及早定苗，中耕锄草。

（6）适合种植区域：山西省无霜期150天以上的谷子中晚熟地区推广种植。

六、冀谷19（原名“冀优2号”）

（1）品种来源：河北省农林科学院谷子研究所

（2）特征特性：幼苗叶鞘绿色，生育期89天，株高106.5厘米，成穗率较高，在亩留苗5.0万株的情况下，亩成穗4.60万穗，成穗率92.0%；纺锤形穗，松紧适中；穗长17.8厘米，单穗重13.8克，穗粒重11.4克，千粒重2.70克；出谷率82.6%，出米率74.5%。

（3）产量表现：2001年参加所内夏谷新品系产量比较试验，亩产411.83千克，居第一位，较优质对照金谷米增产15.2%。2002年参加国家谷子品种试验，平均亩产357.8千克，较对照增产9.82%，9点次试验8点次增产。

（4）营养品质：冀谷19米色鲜黄，煮粥黏香省火，商品性、适口性均好。经农业部谷物品质监督检测中心检测，小米含粗蛋白质11.3%，粗脂肪4.24%，直链淀粉15.84%，胶稠度120毫米，碱消指数2.3级，维生素B_1 6.3毫克/千克，2003年在“全国第五届优质食用粟品质鉴评会”上，评分居第一名，荣获“一级优质米”称号。

（5）栽培技术要点：

①在唐山、秦皇岛地区可春播，也可收获小麦后夏播。春播5月15～30日播种，夏播不宜晚于6月25日。

②夏播适宜行距40厘米，亩留苗4万～5万株，春播适宜行距40～50厘米，亩留苗4.0万株左右。

③底肥以农家肥为主，有条件的增施磷、钾肥（有效成分各5千克）。

④及时进行间苗、定苗，定苗后及时防治钻心虫。拔节后、封垄前注意培土。旱地拔节后至抽穗前趁雨亩追施尿素15～20千克；水浇地孕穗中后期亩追施尿素15千克。孕穗至灌浆初期注意防治蚜虫和黏虫。

⑤冀谷19抗逆性较强，抗倒性、抗旱性、耐涝性均为1级，对谷锈病、谷瘟病、纹枯病抗性较强，均为1级，抗红叶病、线虫病、白发病。

（6）适合种植区域：主要适宜冀中南地区夏播，也可在燕山南麓、太行山东麓丘陵区春播。

七、冀谷20（国审品种）

（1）品种来源：河北省农林科学院谷子所。

（2）特征特性：生育期87天，绿苗，株高121.4厘米，属中秆型品种。冀谷20出米率78.7%，千粒重2.79克，成穗率93.4%；纺锤形穗，穗子偏紧，穗长17.6厘米，单穗重15.4克，穗粒重13.2克，出谷率85.7%，黄谷黄米。

（3）产量表现：该品种在2003—2004年国家谷子品种区域试验中区域试验、生产试验总评亩产351.94千克，较对照豫谷5号增产13.30%。区域试验平均亩产330.65千克，较对照豫谷5号增产12.26%，居2003—2004年度参试品种第一位；2004年国家谷子生产试验亩产373.23千克，较对照豫谷5号增产

14.22%。两年21点次区域试验中18点次增产，表现出良好的高产、稳产性能。

（4）营养品质：米色鲜黄、一致性上等，商品性好；适口性好，2005年在中国作物学会粟类作物专业委员会举办的“第六届全国优质食用粟鉴评会”上被评为一级优质米。经农业部谷物品质检验检测中心化验，小米含粗蛋白11.25%，粗脂肪3.37%，直链淀粉21.14%，胶稠度86毫米，碱消指数（糊化温度）4级，维生素B_1 6.9毫克/千克，赖氨酸含量0.25%。

（5）栽培技术要点：

①种子处理　播前用57℃左右的温水浸种，预防线虫病发生。

②播期　冀鲁豫夏谷区适宜播期为6月20～25日，最晚不得晚于6月30日，晋中南、冀东、冀西及冀北丘陵山区应在5月20日左右春播，宁夏回族自治区南部5月上旬春播。

③合理密植　夏播亩留苗在4.5万～5.0万株，春播留苗密度在3.5万～4.0万株/亩。

④肥水管理　在孕穗期间趁雨或浇水后亩施尿素20千克左右。

⑤抗多种病害　经2003—2004连续两年在田间自然条件下鉴定，冀谷20对其他病害和逆境条件抗性较强，抗倒、耐涝性均为1级，对谷锈病、谷瘟病、纹枯病抗性亦为1级，抗红叶病、白发病。

（6）适应种植区域：在河北、河南、山东夏谷区种植，也可在唐山、秦皇岛、山西中部、宁夏回族自治区南部春播。

八、冀谷22（国审品种）

（1）品种来源：河北省农林科学院谷子研究所选育的谷子新品种。

(2) 特征特性：幼苗绿色，生育期88天，株高123.1厘米。在亩留苗5.0万株的情况下，亩成穗4.59万，成穗率91.8%；纺锤形穗，穗子偏紧，穗长18.5厘米，单穗重12.9克，穗粒重10.9克，出谷率84.5%，出米率77.7%，黄谷黄米，千粒重为2.81克。

(3) 产量表现：冀谷22在2002年所内产比平均亩产373.83千克，居第一位，较高产对照冀谷14号增产13.21%；2003年所内产比平均亩产359.8千克，较对照豫谷5号增产35.62%，居参试品种第一位。2004—2005两年区域试验平均亩产359.66千克，较对照豫谷5号增产13.01%，居参试品种第1位；2005年生产试验亩产380.83千克，较对照增产13.67%，亦居参试品种第1位。

(4) 营养品质：冀谷22米色鲜黄、食用品质、商品品质兼优，在2005年3月中国作物学会粟类作物专业委员会举办的全国第六届优质食用粟鉴评会上被评为“二级优质米”。

(5) 栽培技术要点：

①播前用57℃左右的温水浸种。

②适时播种，冀鲁豫夏谷区适宜播期为6月20~25日，最晚不得晚于6月30日，在5月20日左右春播。

③合理密植，夏播亩留苗在4.5万~5.0万株，春播留苗密度在4.0万株/亩左右。

④适时施肥，在拔节期间亩施尿素20千克左右。

⑤该品种抗倒、耐旱、耐涝性均为1级，对谷锈病、谷瘟病、纹枯病抗性亦为1级，红叶病、白发病、线虫病发病率很低。

(6) 适应区域：晋中南、冀东、冀西及冀北丘陵山区。

九、陇谷 10

（1）品种来源：甘肃省农业科学院作物研究所以“矮8601”为母本、“陇谷 9 号”为父本，采用杂交方法育成，原代号“9413－2－4”，2003 年通过全国谷子品种鉴定委员会鉴定。

（2）特征特性：生育期 130 天左右，绿苗，株高 113.6 厘米，穗长 28.0 厘米，纺锤形穗，穗子偏紧，单穗重 19.9 克，穗粒重 15.6 克。出谷率 78.2%，黄谷黄米，千粒重 3.42 克，经多年田间自然鉴定，抗倒性为 1 级，抗旱性 1 级，对谷锈病、谷瘟病、纹枯病抗性均为 1 级，抗线虫病、黑穗病。

（3）产量表现：2001—2002 年参加国家谷子品种试验（西北春谷区），两年区域试验平均亩产 323.9 千克，比对照大同 14 号增产 5.92%。2002 年生产试验平均亩产 179.1 千克，比对照增产 10.35%。

（4）营养品质：经农业部谷物品质监督检验测试中心检测，小米含粗蛋白质 17.5%、粗脂肪 3.83%、粗淀粉 69.84%、赖氨酸 0.33%。

（5）栽培技术要点：“陇谷”是从日本神奇谷群体的变异株中系统选育而成的谷子新品种，具有丰产、早熟、稳产、优质、抗逆性强等特征。产量亩产 400～6 000千克。

（6）适应种植区域：甘肃省河西走廊、陇中干旱半干旱地区、宁夏回族自治区及河北张家口、承德与山西大同、内蒙古、陕北等条件类似地区。适于坡地、平地、岗地、幼果树行间种植。

十、金谷 2401

（1）品种来源：是由北京农业金谷丰科技开发中心培育的高产优质谷子新品种。

（2）特征特性：幼苗粗壮，叶片肥厚，色深绿，分蘖力特强，每株可分蘖3～5株，最多12株以上，分蘖苗的谷穗产量与主茎苗无差异。谷苗株高70～90厘米，茎粗0.6～0.7厘米，穗长20～25厘米，粗5～7厘米，重20～50克，千粒重3.0克，出米率85%。春播生育期120～130天，夏播90天。其茎根大，秆矮抗风，抗倒伏，成熟时青枝绿叶，多年来未发现任何病害。

（3）产量表现：2000—2001年夏播在河北、山东、山西等地多点扩大示范，亩产超500千克，并具有1 000千克潜力。其特点为抗病、抗草、抗盐碱，耐旱性强，喜涝性更佳，肥水足可产量倍增。2000年9月被中国农业博物馆收为馆藏样品。

（4）营养品质：其米色金黄，米质优良，营养丰富，黏度极好，口感极佳，符合国家一级优质标准。

（5）栽培技术要点：

①轮作倒茬。在目前还没有连作试验的可靠依据之前最好播种在上茬没有种谷的地块上。

②施足底肥，培肥地力。谷子属于高密度种植，其肥力水平要求较高，亩产要求突破1 000千克时，亩施磷二铵、过磷酸钙各50千克，有条件可再施入5 000千克农家肥。

③适当晚播。因发现5月份播种有黄化幼苗出现，因此，河北地区应在麦收后播种。6月17日播种，9月16日已成熟不见病害。

④合理密植。一般行距35～40厘米，株距3～4厘米，以开沟条播较好，亩播种量0.75千克，播种深度2～3厘米，种子入土后务必踩压种沟、不留空隙为止。

⑤加强管理，及时间苗。水浇地在间苗后应及时浇分蘖水，高温干旱时应及时浇水，在孕穗期亩追施尿素10～15千克，随后中耕松土。抽穗期、出穗后、灌浆期均应视土壤墒情和降雨程度及时补水。

⑥病虫防治。春播的需在 6 ~ 7 月间注意观察和防治黏虫、菜虫，一次净喷施 2 ~ 3 次，注意防治红蜘蛛，用速扑螨连续喷施 2 ~ 3 次叶背面。

（6）适应种植区域：全国各地。

十一、吨谷一号

（1）品种来源：“吨谷一号”是 1993 年在山西临县谷田中发现的一个矮变单株，经八年系统选育而成的高产、稳产、优质、高效的谷子品种（品系）。

（2）特征特性：旱地、山地株高 90 厘米，水地株高 110 厘米。茎粗 1.0 厘米左右，茎基粗壮。叶片宽大肥厚，叶色深绿，单株具有 13 个功能叶片，光合能力极强。株型紧凑，节间极短，一般节长为 4 ~ 5 厘米，抗倒伏性能极强；分蘖力极强，一般分蘖 2 ~ 3 株，多者可达 13 株，且均能正常成穗。穗型棒槌型，穗长 18 ~ 24.5 厘米，穗粗 3 ~ 5 厘米，穗重 12.62 ~ 57.38 克，平均穗重 27.66 克，穗码紧实，平均单穗穗码高达 107.2 个，穗粒重 11.45 ~ 51.5 克，平均穗粒重 24.06 克，千粒重 2.688 7 克。出米率 85%，在山西吕梁地区春播生育期 120 天左右。在河北、山东种植试验，夏播生育期为 90 天左右。抗病性强，该品种培育以来尚未发现感染白发病、黑穗病、谷瘟病。注意预防谷锈病。

（3）产量表现：2000 年 9 月 24 日至 10 月 2 日由山西农业大学等单位的专家、教授、技术员实地测产并经公证处公证，“吨谷一号”折合有效穗数 47 710 穗/亩，亩产 1 035.73 千克。2000 年 10 月底，对 6 亩水浇地和 3.5 亩（1 公顷 =15 亩，1 亩≈667 平方米，全书同）旱地种植的“吨谷一号”进行实打，平均亩产分别为 864.67 千克和 713.43 千克。

（4）营养品质：品质优，米色金黄，米质优良，香味浓郁，口感极佳。

（5）栽培技术要点：

①整地施肥，春播谷地应在上年秋收后深耕土地25～30厘米，随耕随耙，保墒蓄水，次年春天雨后及时耙磨，碎土保墒。有条件的亩施5 000千克农家有机肥或500千克熟鸡粪，并拌入50～100千克过磷酸钙作底肥。施底肥的时间以土壤解冻后越早越好，施肥后，打碎坷垃，整细土壤，以利保墒蓄水。

②适时适地播种，春播谷应在地温稳定在10度以上，墒情较好时播种。麦茬夏播应在麦收后及时播种，在河北的青龙、山东的阳信地区试种，分别于6月18日和6月26日播种均正常成熟。谷田应选择通风透光条件好的地块。

③适量播种，精播机播种亩播种量0.5～0.75千克；手工播种亩播种量不得超过1千克，播种前，用拌种双+甲拌磷或辛硫磷拌种，50克药液拌种50千克，药量过大将影响发芽率。播种深度以2～3厘米为宜，力争全苗。播种行距山地、旱地30厘米；水地35厘米。播后及时将种沟踩压两遍。

④合理留苗及时间苗，当幼苗3～5片真叶时及时间苗，山地株距5厘米，水地株距3厘米，单株留苗。间苗过晚将严重影响正常分蘖，对群体产量影响极大。

⑤适时追肥浇水，有条件的地区应及时浇分蘖水，随水撒施尿素每亩5～10千克。浇水后及时中耕，平锄两次，蹲苗促壮；雨量过多时，中耕放墒。

⑥防虫防螨，吨谷一号叶片厚嫩，封垄较早，应及时防治黏虫、粟灰螟、玉米螟。长期干旱的地区应注意防治红蜘蛛。

（6）适应种植区域：河北、山东、山西等地。

十二、峰谷12

（1）品种来源：赤峰市农业科学研究所

（2）特征特性：以承谷8号为母本、赤谷4号为父本（承谷8号由河北承德所引进，赤谷4号为赤峰所培育）采用品种间有性杂交，经系统选育而成。幼苗：叶片绿紫色，叶鞘紫色，第一叶倒卵形。植株：半紧凑型，株高149厘米。果穗：纺锤形，穗松紧适中，主穗长23.1厘米，单株穗重21.9克，单株穗粒重18.4克，出谷率84.7%。籽粒：圆形，浅黄谷、黄米，千粒重3.5克。平均生育期112天，比对照早1天。

（3）产量表现：2007年参加内蒙古自治区谷子区域试验，平均亩产390.1千克，比对照赤谷8号增产25.8%。2008年参加内蒙古自治区谷子区域试验，平均亩产384.3千克，比对照赤谷8号增产22.5%。2008年参加内蒙古自治区谷子生产试验，平均亩产374.5千克，比对照赤谷8号增产14.9%。

（4）营养品质：2008年农业部谷物品质监督检验测试中心（北京）测定，粗蛋白10.44%，粗脂肪2.40%，粗淀粉81.15%，支链淀粉/粗淀粉77.93%，胶稠度113毫米，碱消指数1级。

抗性：2008年河北省农林科学院谷子研究所人工接种抗性鉴定，抗谷锈病、黑穗病、白发病。

（5）栽培技术要点：

①播前用57℃左右的温水浸种。

②适时播种，冀鲁豫夏谷区适宜播期为6月20～25日，最晚不得晚于6月30日。在5月20日左右春播。

③合理密植，春播留苗密度在3.0万株/亩左右。

④适时施肥，在拔节期间亩施尿素20千克左右。

⑤该品种抗倒、耐旱、耐涝性均为1级。

（6）适应种植区域：内蒙古自治区呼和浩特市、赤峰市≥10℃活动积温2 400℃以上地区。

十三、小香米

（1）品种来源：是河北省农林科学院谷子研究所从矮秆品

系郑407中通过异地系统选育而成，原编号“94076”。2002年4月通过河北省品种审定委员会审定。

（2）特征特性：该品种幼苗绿色，株形较紧凑，平均株高109.95厘米，生育期88天，叶片上冲，棒形和纺锤形两种穗形，穗长16.62厘米，单穗重12.15克，穗粒重10.42克，出谷率85.8%，出米率74.36%，黄谷黄米，千粒重为2.74克。小香米荣获全国一级优质米。经三年区域试验自然鉴定和专项接种鉴定证明，“小香米”高抗谷瘟病、褐条病和线虫病，对纹枯病和谷锈病的抗性达2级。同时其抗旱性、耐涝性达1级，抗倒性达2级。

（3）产量表现：1998—2000年在河北省夏谷新品种区域试验中，亩产318.33～503.2千克，平均亩产为398.7千克，比高产对照冀谷14号增产11.31%，在多年多点示范中，一般亩产445～490千克，最高亩产578千克，比当地其他品种亩增产均在100千克左右。

（4）营养品质：经农业部谷物品质监督检验测试中心检测表明：小香米的蛋白质含量为10.86%，粗脂肪为4.33%，直链淀粉含量为16.47%，胶稠度为162毫米，糊化温度（碱消指数）为3.5级，维生素B_1的含量为7.30毫克/千克。在1994年全国第三次食用粟品质检测鉴评会上，被评为一级优质米。

（5）栽培技术要点：

①选择种植地区：该品种主要适合夏播，在部分春谷区也可春播，沙壤旱地种植品质最好。

②适时播种：在冀中南夏播适宜播期为6月15～25日，或晚春播在5月下旬至6月上旬就墒播种。

③施肥：以基肥为主，在播种前或前茬施入有机肥、磷钾肥；在孕穗期就雨追施氮肥5～7.5千克/亩。

④做好田间管理：及时间苗定苗，一般在3～5叶期间苗，

6~7叶期定苗，留苗密度4.5万~5万株/亩。定苗后及时中耕锄草，苗期注意蹲苗，及时中耕锄草和培土。

⑤浇水：生育期间无特大干旱不用浇水，为提高小米品质，在灌浆期浇一小水。

⑥防治病虫害：7月上旬注意防治钻心虫、灰飞虱和蚜虫，抽穗后防治黏虫和蚜虫。

⑦收获：适时带绿（1~2片绿叶时）收获，收后及时晾晒谷穗，防止霉变影响米质，谷穗干燥后及时脱粒，脱粒时谨防混入砂石等杂质。

（6）适应种植区域：该品种的适应性较好，不仅适宜冀中南夏谷区种植，而且也适宜冀东、冀西春播种植，在内蒙古赤峰春播亩产超千斤；晚夏播也能获得较好的收成（7月15日播种，获得250千克/亩）。

十四、冀谷31（原代号K492，商品名：懒谷3号）

（1）品种来源：河北省农林科学院谷子研究所（冀谷19×1302-9）

（2）特征特性：抗拿扑净除草剂，生育期89天，绿苗，株高120.69厘米。纺锤形穗，松紧适中；穗长21.43厘米，单穗重13.38克，穗粒重10.93克，千粒重2.63克；出谷率82.41%，出米率71.77%；褐谷黄米。经2008—2009年国家谷子品种区域试验自然鉴定，抗倒性、抗旱性、耐涝性均为1级，对谷锈病抗性3级，谷瘟病抗性2级，纹枯病抗性3级，白发病、红叶病、线虫病发病率分别为1.91%、0.48%、0.05%。

（3）产量表现：2008年参加华北夏谷区组全国谷子品种区域试验，平均亩产385.0千克，比对照冀谷19增产4.48%；2009年续试，平均亩产306.23千克，比对照冀谷19增产3.14%。两年区域试验平均亩产345.62千克，较对照冀谷19增产3.88%。两年17点次区域试验中11点次增产。2009年生产试验平均亩产274.55千克，比对照冀谷19增产8.58%。

（4）营养品质：在中国作物学会粟类作物专业委员会举办的全国第八届优质食用粟鉴评会上被评为“一级优质米”。

（5）栽培技术要点：

①播前准备：播种前灭除麦茬和杂草，每亩底施农家肥2 000千克左右或氮磷钾复合肥15～20千克，浇地或降雨后播种，保证墒情适宜。

②播种：夏播适宜播种期6月15日至6月25日，适宜行距35～40厘米；在唐山、秦皇岛及河北省西部丘陵区晚春播适宜播种期5月25日至6月10日，适宜行距40厘米；在山西中部、辽宁南部、陕西大部分地区春播适宜播种期5月20日左右，适宜行距40～50厘米。夏播每亩播种量0.9～1.0千克，春播每亩播种量0.75～0.85千克，要严格掌握播种量，并保证均匀播种。

③配套药剂使用方法：a. 除草剂：播种后、出苗前，于地表均匀喷施配套的“谷友”100克/亩，对水不少于50千克/亩。注意要在无风的晴天均匀喷施，不漏喷、不重喷。b. 间苗剂：谷苗生长至4～5叶时，根据苗情喷施配套的拿扑净80～100毫升/亩，对水30～40千克。如果因墒情等原因导致出苗不均匀时，苗少的部分则不喷。注意要在晴朗无风、12小时内无雨的条件下喷施，拿扑净兼有除草作用，垄内和垄背都要均匀喷施，并确保不使药剂飘散到其他谷田或其他作物。喷施间苗剂后7天左右，杂草和多余谷苗逐渐萎蔫死亡。

④田间管理技术：谷苗8～9片叶时，喷施溴氰菊酯防治钻心虫；9～11片叶（或出苗25天左右）每亩追施尿素20千克，随后耕地培土，防止肥料流失，并可促进次根生长、防止倒伏、防除新生杂草。及时进行防病治虫等田间管理。注意耕地培土措施十分重要，不能省略。

（6）适应种植区域：冀、鲁、豫夏谷区。该品种为抗拿捕净类型，正在推广过程中。

十五、龙谷 23

（1）品种来源：黑龙江省农业科学院作物育种研究所。

（2）特征特性：幼苗绿色，株高 160 ~ 170 厘米，秆强不易倒伏。穗长 17 ~ 18 厘米，呈纺锤形，刺毛略长，小码紧密。种皮黄白色，千粒重 2. 6 克，出米率 78% ~ 80%，草质优，适口性强。具有耐旱、耐盐碱和抗螟虫，抗白发病等特性。生育期 120 天左右，为中早熟类型品种。具有早熟，抗逆性较强，粮、草双增产和适应范围广等特点。目前是黑龙江省推广面积最大的一个谷子新品种。

（3）产量表现：一般籽实亩产在 250 千克以上，最高亩产达 466. 6 千克，平均比对照品种增产 15% ~ 20%，谷草增产 10% 左右。表现稳产、高产，深受群众欢迎。

十六、龙谷 32

（1）品种来源：是黑龙江省农业科学院作物育种研究所于 1994 年以嫩选 13 × 79 - 5559 为母本，以龙谷 25 × 52039 为父本，经品种间杂交选育而成。2007 年通过黑龙江省农作物审定委员会审定。

（2）特征特性：该品种生育期 123 天。幼苗叶片绿色、叶鞘浅紫色，幼苗生长势强，苗期抗旱、抗倒伏，活秆成熟。株高 150 ~ 160 厘米，穗长 20 ~ 25 厘米，穗为纺锤形。单株穗重 31. 2 克，单穗粒重 27. 1 克，出米率 78. 0%，千粒重 3. 3 克，黄粒、黄米，为粳性。抗性及营养品质经黑龙江省农业科学院植物保护研究所（黑龙江省农作物审定委员会指定单位）人工接种鉴定结果，白发病和黑穗病发病率分别为 1. 6%、0. 8%，为抗病品种。

（3）产量表现：亩产350千克左右。

（4）营养品质：经农业部农产品质量监督检验测试中心（哈尔滨）测定：蛋白质含量12.14%，脂肪含量5.16%，直链淀粉含量19.47%，碱消值3.3级，胶稠度131.5毫米。

（5）适应种植区域：黑龙江省第一、二积温带和积温相近的其他地区。

十七、豫谷11号

（1）品种来源：河南省安阳市农业科学研究所以“矮88”为母本、“安472”为父本，采用杂交方法育成，原名“安2491”，2004年通过全国谷子鉴定委员会鉴定。

（2）特征特性：该品种幼苗叶、鞘绿色，刺毛短、绿色，花药白色，株型直立，株高104.3厘米，叶片上冲，秸秆粗壮，属中杆紧凑型品种。长势强健，灌浆速度快，生育期90天。纺锤形穗，长18.4厘米，松紧适中，单穗重15.1克，穗粒重11.6克。黄谷黄米，千粒重3.03克，出谷率77.2%，出米率76.2%。耐涝性1级，抗倒、抗旱2级，高抗谷锈病、谷瘟病、白发病，中抗纹枯病。

（3）产量表现：2002—2003年参加国家谷子品种区域试验（华北夏谷区组），20点平均亩产327.7千克，较对照豫谷5号增产6.36%；2003年参加华北生产试验，亩产336.2千克，较对照豫谷5号增产8.48%。

（4）营养品质：2003年11月经农业部农产品质量监督检验测试中心（郑州）检验，粗蛋白质（干基）10.97%，粗脂肪（干基）2.01%，维生素$B_1$0.26毫克/100克，直链淀粉19.0%。在中国作物学会粟类作物专业委员会举办的“全国第六届优质食用粟品质鉴评会”上被评为一级优质米。

（5）栽培要点：6 月 10 日至 6 月 20 日播种，播种前晒种，温水（56～57℃浸 10 分钟）浸种或粉锈宁、甲基托布津药剂拌种防病增产。幼苗 4～6 片叶时，两次间、定苗，确保亩密度 5 万株左右。晚播、旱薄地，亩留苗增加到 5.5 万～6 万株，靠穗数增产。每亩农家肥2 000～2 500千克。复合肥 30 千克作基肥；抽穗前 10～15 天，追施尿素 15～20 千克。苗期防地老虎、红蜘蛛、粟芒蝇，抽穗前防治棉尖象甲、钻心虫，灌浆期防治粟穗螟、粟缘蝽等害虫。

（6）适宜种植区域：适宜河南、山东和河北南部夏播种植。

十八、赤谷 10 号

（1）品种来源：内蒙古赤峰市农业科学研究所以“承谷 8 号为母本”、“赤谷 4 号”父本，采用杂交方法育成，原名“赤 91－576”，2003 年通过全国谷子品种鉴定委员会鉴定。

（2）特征特性：生育期 116 天左右，绿苗，株高 130.3 厘米，穗长 28.0 厘米，纺锤形穗，松紧适中，单穗重、穗粒重分别为 21.1 克、17.3 克，出谷率 82.9%，黄谷黄米，千粒重 3.18 克，经多年田间自然鉴定，抗倒性为 2 级，抗旱性 1 级，对谷瘟病、纹枯病抗性均为 1 级，中抗谷锈病、抗线虫病、黑穗病、白发病。品质较好，2001 年在“全国第四届优质食用粟品种鉴评会”上荣获“二级优质米”称号。

（3）产量表现：2001—2002 年参加国家谷子品种试验（西北春谷区），两年区域试验平均亩产 326.0 千克，比对照承德 8 号增产 8.16%。2002 年生产试验平均亩产 264.1 千克，比对照增产 1.14%。

（4）栽培技术要点：播种前做好种子处理，播前晒种 2～3 天，然后用 10% ～15% 盐水选种，晾干用种衣剂拌种。适时播种，播后及时镇压 2～3 遍，种肥亩施磷酸二铵 6.8 千克。水肥条件较好的地块亩留苗 2.5 万 ~3.0 万株，旱坡地亩留苗 2.0 万~2.5 万株。

（5）适宜种植区域：内蒙古赤峰市、山西西北部及河北承德、辽宁朝阳等地区。

十九、铁谷 10 号

（1）品种来源：辽宁省铁岭市农业科学院以“铁 8503”为母本、“铁 7932”为父本，采用杂交方法育成，原名“铁 93－115”，2001 年通过辽宁省农作物品种审定委员会审定。

（2）特征特性：幼苗黄绿色，刺毛短、绿色，穗为纺锤形，黄谷、浅黄米，主茎高 147 厘米，穗长 22.5 厘米，千粒重 3.2 克，在辽宁省生育期 113 ~118 天。属于中熟品种。抗倒伏、抗白发病、黑穗病、谷瘟病。

（3）产量表现：1995—1996 年参加辽宁省谷子新品种区域试验中，二年籽实平均亩产 270.0 千克，比统一对照铁谷 7 号增产 8.49%；谷草平均亩产 415.63 千克，比对照增产 0.15%。1997—1998 二年生产试验平均亩产 309.75 千克，比当地对照增产 13.46%；谷草平均亩产 418.32 千克，比对照增产 0.4%。1996—2000 年在省内外累计示范 18 万亩，籽实平均亩产 313.75 千克，比当地对照增产 10.55%；谷草平均亩产 395.79 千克，比对照增产 0.23%。一般亩产 300 千克，最高亩产 450 千克。

（4）营养品质：经农业部农产品测试中心化验分析，粗蛋白质含量 12.58%，粗脂肪 2.56%，胶稠度 120 毫米，糊化温度 2.2 级。粗蛋白达到一级优质指标，其他各项指标高于或接近二级优质米指标。

（5）栽培要点：该品种适宜平地、岗坡地及果树中间种植。一般在 4 月下旬至 5 月上旬播种为宜。亩播种量 0.7 ~0.8 千克，亩保苗 4 万 ~4.5 万株。亩施农肥1 500 ~2 000千克，复合肥 20 千克，拔节至孕穗期合理施用氮肥，或玉米专用肥 30 千克。早定苗，铲蹚 2～3 遍。6 月上旬至 7 月上旬防治好虫害，适时收获。

（6）适宜种植区域：辽宁中北部、山西中部、吉林省南部等。

二十、铁谷 11 号

（1）品种来源：辽宁省铁岭市农业科学院以“铁 7951”为母本、“保 250”为父本，采用杂交方法育成，原代号“铁 9018”，2001 年通过辽宁省品种审定委员会审定。

（2）特征特性：幼苗黄绿色，刺毛短、绿色，穗为纺锤形，黄谷、黄米，主茎高 14～173 厘米，穗长 17～22 厘米，千粒重 2.7～3.0 克，在辽宁省生育期 120～131 天。属于中晚熟品种。抗倒伏、抗旱，抗白发病、黑穗病、谷瘟病、谷锈病。

（3）产量表现：1997—1998 年辽宁省区域试验二年籽实平均亩产 325.91 千克，比对照铁谷 7 号增产 10.96%；谷草平均亩产 425.53 千克，比对照增产 0.28%。1997—1998 年二年生产试验籽实平均亩产 334.8 千克，比当地对照增产 13.04%；谷草平均亩产 415.61 千克，比对照增产 5.9%。1998—2003 年大面积示范籽实平均亩产 353.83 千克，比当地对照增产 12.23%；谷草平均亩产 405.15 千克，比对照增产 3.57%。

（4）营养品质：经农业部农产品测试中心化验分析，粗蛋白质含量 13.2%，粗脂肪 5.67%，总淀粉 75.9%，糊化温度级别低，胶稠度为软。各项指标达到一二级优质米指标。

（5）栽培技术要点：该品种适宜中等肥力的平地及岗坡地种植。一般在 4 月下旬至 5 月上旬播种为宜。亩播种量 0.7～0.8 千克，亩留苗 3.5 万～4 万株。亩施农家肥 2 000～3 000 千克，复合肥 15～20 千克，拔节至孕穗期合理施用氮肥，或玉米专用肥 30 千克。早定苗，铲蹚二到三遍。6 月上旬至 7 月上旬防治好虫害，适时收获。

（6）适宜种植区域：辽宁中北部、山西中部、吉林省南部等地区。

二十一、铁谷 13 号

（1）品种来源：辽宁省铁岭市农业科学院以“铁 8062”为母本、“铁谷 5 号”为父本，采用杂交方法育成，原名“铁 9249”，2003 年通过辽宁省农作物品种审定委员会审定。

（2）特征特性：幼苗黄绿色，苗期长势强，刺毛短、穗为长纺锤形。黄谷、黄米、粳性，主茎高 145 ~ 160 厘米，穗长 18 ~ 22 厘米，穗粒重 17 ~ 20 克，千粒重 2.8 克，出谷率 80%，在辽宁生育期 120 天，属于中熟品种。1990—2002 年在省区域试验、生产试验均表现抗旱、抗倒伏性强，抗白发病、黑穗病、谷瘟病。在平地、岗坡地均表现长势良好。小米适口性好。

（3）产量表现：1999—2000 年在辽宁省区域试验 14 个点次中，平均亩产籽实 318.2 千克，比统一对照铁谷 7 号亩产 287.33 千克，增产 9.2%；谷草平均亩产 412 千克，比对照增产 11.3%。2002 年在辽宁省谷子生产试验 5 个点次中，籽实平均亩产 327.77 千克，比当地对照铁谷 7 号、朝谷 10 号、赤谷 4 号籽实平均亩产 291.37 千克，增产 12.5%；谷草平均亩产 443.52 千克，比对照平均亩产 405.3 千克，增产 9.43%。

（4）栽培技术要点：适宜平地、岗坡地种植，4 月下旬至 5 月上旬播种，亩播种量 0.75 千克，亩留苗 3.5 万 ~ 4 万株，亩施农肥 1 500 ~ 2 000 千克，复合肥 15 ~ 20 千克，或玉米专用肥 30 千克。拔节至孕穗期追施氮肥 5 ~ 10 千克，早定苗，及时铲蹚，6 月下旬至 7 月上旬防治好病虫害，适时收获，就能发挥该品种的增产潜力，获得高产。

（5）适宜种植区域：辽宁省中北部、河北省承德等地区。

二十二、铁谷14号

（1）品种来源：辽宁省铁岭市农业科学院以“铁谷5号”为母本、外引“79127”为父本，采用杂交方法育成，原代号“铁9816”，2004年全国谷子品种鉴定委员会鉴定。

（2）特征特性：生育期120～134天，绿苗，刺毛长，纺锤形穗。株高133～150厘米，穗长14～21.6厘米，穗粒重14.0～22.9克，千粒重2.6～3.2克。

（3）产量表现：该品种2001—2002年参加国家谷子新品种区域试验，两年区域试验平均亩产293.11千克，比全区统一对照品种公谷60增产5.53%。2003年在东北三省4点生产试验中，平均亩产305.1千克，比对照品种公谷60增产9.99%，历年表现丰产性能好，产量稳定。

（4）营养品质：经2002—2003年国家谷子品种区域试验鉴定，该品种具有抗旱、抗倒伏和抗黑穗病、白发病、谷瘟病特点。农业部谷物品质检测中心化验，其蛋白质含量为12.44%，脂肪含量为4.8%，淀粉含量为71.5%。

（5）栽培技术要点：该品种适宜在中等肥力以上的平地、岗坡地种植，以大垄宽播或小垄密植均可。适宜播种期为4月下旬至5月上旬，亩播种量0.5～0.75千克，亩留苗4万株左右。亩施肥1 500～2 000千克农肥（或30千克玉米专用肥）作基肥，拔节至孕穗期追施氮肥5～10千克。需加强田间管理，做到早间苗、早定苗，及时铲蹚，6月下旬至7月上旬防治好病虫害，适时收获，确保发挥该品种的增产潜力，从而获得高产。

（6）适宜种植区域：辽宁省、吉林省南部。

二十三、朝谷12号

（1）品种来源：辽宁省水土保持研究所以不育系“11A”

为母本，采用20个父本集团轮回选择育成，原代号“96041”，2003年在辽宁省农作物品种审定委员会登记。

（2）特征特性：该品种幼苗叶片为绿色，芽鞘为紫色，成熟时茎叶呈浅紫色。苗期长势快，生育整齐。秆高145～160厘米，茎秆粗壮叶宽大，活秧成熟。穗为粗纺锤形，刺毛中长，护颖绿色。穗长18～23厘米，穗粗3.5～4.5厘米，穗粒重12.5～15克，千粒重2.7～2.9克。抗旱耐瘠、抗倒伏性强，对黑穗病表现免疫，高抗谷子白发病、谷瘟病、谷锈病，被国家抗病育种列为创新材料达标品种。

（3）产量表现：1998—1999年参加辽宁省谷子品种区域试验，平均亩产籽实307.8千克，比统一对照品种铁谷7号平均亩产287.3千克增产8.8%。1999—2000年参加辽宁省谷子品种生产试验，籽实平均亩产294.6千克，比对照平均亩产250.9千克增产17.4%。

（4）营养品质：黄米，米质粳性出谷率75%～80%，出米率75%～80%。生育期110～120天。小米粗蛋白含量10.20%，粗脂肪含量3.84%，淀粉中直链淀粉含量21.93%，支链淀粉含量78.07%，赖氨酸含量0.26%，糊化度2.0级，胶稠度159毫米。

（5）栽培要点：4月下旬至5月下旬播种均可正常成熟，但最适宜5月上、中旬。合理密植，坡地2.5万～3.0万株，平地3.0万～3.5万株。早管理细管理，谷子幼苗2～5片叶时压青苗，利于谷子蹲苗，利于后期抗倒伏。苗高3～6厘米寸时进行早定苗。发生黏虫、钻心虫为害，要及时喷药进行防治，尤其对钻心虫为害要抓住有效防治时期，要求6月中旬7月中旬各喷药1次。

（6）适宜种植区域：辽宁朝阳、阜新、葫芦岛及内蒙古宁城地区。

二十四、朝谷13号

（1）品种来源：辽宁省水土保持研究所以“昭农21”为母本，“铁谷7号”为父本，采用杂交方法育成，原代号“99-293”，2003年全国谷子品种鉴定委员会鉴定。

（2）特征特性：幼苗黄绿色，芽鞘绿色，主茎高140~150厘米，穗长18~25厘米，穗纺锤形，码紧，浅紫色刺毛，刺毛短。单穗粒重13~15克，千粒重2.9~3.0克。籽粒圆形，黄谷黄米，米质粳性，出谷率84%~86%，籽、草比为1∶1.2。高抗谷瘟病、白发病、谷锈病，抗倒伏性强，抗旱性强。生育期100~110天。

（3）产量表现：2001—2002年参加辽宁省谷子品种区域试验，两年籽实平均亩产375.1千克，比对照增产12.2%，居供试品系首位。2001—2002年参加国家谷子新品种区域试验，两年区域试验平均亩产319.7千克，比统一对照承谷8号增产6.07%，居参试品种第二位。2002—2003年参加辽宁省谷子品种生产试验，籽实平均亩产367.4千克，比对照增产17.1%。2003年国家生产试验平均亩产323.08千克，比对照承谷8号增产17.1%，居参试品种第二位。

（4）营养品质：经农业部谷物品质检测中心检测，小米粗蛋白10.18%，粗脂肪3.94%，直链淀粉21.83%，胶稠度169毫米，碱消指数2.1级，赖氨酸0.28%。

（5）栽培技术要点：精细整地，适时播种，适宜播种期为4月下旬至5月上旬，播前精细整地，播后及时压地。合理密植，山地亩留苗2.0万~2.5万株，坡地2.5万~3.0万株，平地3.0万~3.5万株。

（6）适宜种植区域：辽宁西部干旱、半干旱地区及类似地区。

二十五、龙谷 31 号

（1）品种来源：黑龙江省农业科学院作物育种研究所“嫩选 13”为母本，“龙 79－5559”为父本，采用杂交方法育成，原代号“龙 7005”。2003 年在黑龙江省农作物品种审定委员会登记。

（2）特征特性：该品种株高 160 厘米左右，平均穗长 19～21 厘米，穗圆筒形，单穗粒重 12 克，千粒重 3 克。经田间接种鉴定，白发病发病率 4.3%，黑穗病发病率 6.8%。生育期 118 天，所需活动积温2 500℃左右。

（3）产量表现：2001—2002 年区域试验平均亩产 254.35 千克，较对照品种增产 11.4%，2002 年生产试验平均亩产 219.81 千克，较对照品种增产 10.7%。

（4）营养品质：粒圆形，黄谷，黄米为粳性。粗蛋白 11.98%，粗脂肪 4.18%，直链淀粉 27.08%，胶稠度 122.8 毫米，碱消指数 2.3 级，2005 年在中国作物学会粟类作物专业委员会举办的“第六届全国优质食用粟鉴评会”上被评为一级优质米。

（5）栽培要点：适宜播种期为 4 月下旬至 5 月初，采用垄上双条或 3 条播种方法，行距 70 厘米，亩保苗 4.5 万株。播前可施优质农家肥或磷酸二铵做底肥，在谷子孕穗期，结合铲蹚二遍地每亩追施尿素 15～20 千克。

（6）适宜种植区域：黑龙江省第一、第二积温带。

二十六、嫩选 16 号

（1）品种来源：黑龙江省农业科学院嫩江农业科学研究所以“龙谷 25 号”为母本、“85－5937”为父本，采用杂交方法育成，原代号“915－216”。2002 年通过黑龙江省农作物品种审定委员会审定。

（2）特征特性：该品种幼苗绿色。穗纺锤形，大穗，平均穗长28厘米，口紧不落粒。千粒重3.5克，粒卵圆。出米率75%，米黄，具有较好的适口性。秆高145厘米，生育期120天左右，抗逆性强，高抗谷子白发病，抗谷子黑穗病，茎秆粗壮，植株繁茂，活秆成熟。

（3）产量表现：1999—2000年参加黑龙江省区域试验，两年籽实平均亩产251.05千克，比对照嫩选13号增产11.69%。2001年进行生产试验，籽粒平均亩产320.7千克，比对照品种增产12.3%。

（4）营养品质：经农业部谷物制品质量监督检验测试中心两次检验，平均含粗蛋白12.54%，粗脂肪4.82%，胶稠度120毫米，直链淀粉（占总淀粉）22.17%，直链淀粉占样品干重15.74%，碱消指数2.0级。

（5）栽培要点：要求整地质量好，秋翻、秋耙、秋起垄、春灌。每亩施有机肥1 000千克，二铵做种肥每亩12.5千克。播前进行盐水选种，在白发病和黑穗病高发区进行药剂拌种。适宜播种期为4月25日至5月5日，播幅10~12厘米，在土壤墒情好的地块播深2~3厘米，一般3~4厘米，出苗后1~3叶时踩压，防止透风死苗。苗高3~6厘米，3~5叶时进行间苗，每亩保苗5万株。中耕孕穗期追施速效氮肥，亩施尿素12.5千克，同时深中耕，细清垄，减少水肥无谓消耗。

（6）适宜种植区域：黑龙江省第一、第二积温带。

二十七、九谷11号

（1）品种来源：吉林省农业科学院作物育种研究所以“144”为母本、“8139”父本，采用杂交方法育成，原代号“8913”。2001年通过吉林省农作物品种审定委员会审定。

（2）特征特性：幼苗叶片为绿色，叶鞘紫色。植株繁茂中等，株高159.1厘米左右。活秆成熟，抗倒伏性强。穗呈纺锤形，穗长22.0厘米左右，穗码松紧中等，刺毛长度中等，单穗粒重19.0克左右，籽实呈圆形，谷粒深黄，种皮光滑，千粒重2.6克左右。出苗至成熟125天左右，需有效积温2 740℃。抗倒伏力强，抗谷瘟病和白发病，高抗黑穗病。

（3）产量表现：1998—2000年吉林省区试三年平均亩产277.2千克，比对照增产17.2%。1999—2000年两年8个点次生产试验全都比对照增产，平均亩产259.0千克，比对照增产14.2%。

（4）营养品质：米为白色，品质优良，小米含粗蛋白11.89%、脂肪4.18%、直链淀粉18.92%，胶稠度138毫米，糊化温度指数2.3级。2001年在“全国第四届食用粟品质检测鉴定评会”荣获“一级优质米”称号。

（5）栽培要点：播种期以4月下旬至5月初为宜，具体时间视墒情而定，每亩播种量为0.5千克左右，每亩留苗4.5万株左右，每亩底施磷酸二铵5.0千克左右。6月下旬要注意防治黏虫，消灭在3龄之前，灌浆乳熟期要防止鸟害。

（6）适宜种植区域：吉林省东部地区。

二十八、公谷68号

（1）品种来源：吉林省农业科学院作物育种研究所以“62”为母本、“80026”父本，采用杂交方法育成，2001年通过吉林省农作物品种审定委员会审定。

（2）特征特性：幼苗叶鞘绿色，生育期98~136天。株高137.8~180.8厘米。穗长20.6~27厘米，单穗粒重25.4~29.63克，千粒重2.6~3.1克，抗倒伏，抗旱，抗谷瘟病、黑穗病、白发病自然发病率低，抗粟秆蝇、玉米螟。

（3）产量表现：在吉林省谷子区域试验中，平均亩产 278.5 千克，较对照增产 5.8%；2003—2004 年参加国家谷子品种区域试验（东北春谷组），两年区域试验平均亩产 321.6 千克，较对照公谷 60 增产 8.3%。居第一位；生产试验平均亩产 362.0 千克，较对照增产 6.3%。

（4）营养品质：黄谷浅黄米，小米蛋白质 112.3%，脂肪 4.04%，赖氨酸 0.25%，直链淀粉 18.1%，胶稠度 126 毫米，碱消指数 1.8 级，综合品质较好，2003 年在“全国第五届食用粟品质检测鉴评会”荣获“二级优质米”称号。

（5）栽培要点：适宜播种期为 4 月下旬，每亩留苗 4.3 万株，6 月下旬要注意防治黏虫。其他管理同一般品种。

（6）适宜种植区域：吉林中、西部地区及辽宁、黑龙江的相临市等。

二十九、延谷 12 号

（1）品种来源：陕西省延安市农业科学研究所以“吕谷 2 号”为母本、“79－421”父本，采用杂交方法育成，原代号“9311”。

1999 年通过陕西省农作物品种审定委员会审定，2001 年通过国家农作物品种审定委员会审定。

（2）特征特性：该品种生育期 130 天左右，属中性种，幼苗叶片绿色，叶鞘浅紫色，分蘖 1～2 个，平均株高 149.8 厘米，主穗平均长 21.5 厘米，穗粗 3.0 厘米，穗粒重 16.2～21.0 克，千粒重 3.0 克，株草重 20.0 克。穗圆锥形，松紧适中，短刺毛，白谷黄米。高抗谷瘟病、白发病，粒黑穗病，中抗红叶病。

（3）产量表现：1995—1997 年参加陕西省春谷品种区域试验，平均亩产 268.6 千克，比对照晋谷 21 号平均增产 12.7%；1995—1997 年参加全国北方春谷品种区域试验，平均亩产 222.7

千克，比统一对照晋谷16号增产7.3%。1996—1998年进行生产试验示范，三年7点次均表现增产，平均亩产296.7千克，比对照品种平均增产17.3%。

（4）营养品质：米质粳性，米汤糊香。1998年经陕西省农科院测试中心化验分析，小米蛋白质10.01%，脂肪5.0%，赖氨酸0.21%，2001年在全国第四届优质米品质检测鉴定会上被评为“国家级优质米”。

（5）栽培要点：延谷12号属春播品种，山地宜于4月25日左右播种，川塬地于5月10日左右播种。适宜垄沟种植。播量7.5千克/公顷。氮磷配合，施足底肥，并于拔节期适量追肥。适宜密度为30万株/公顷左右。出苗后及时定苗，生长期间及时中耕锄草，并注意做好防虫工作。

（6）适宜种植区域：陕北丘陵沟壑区及山西长治、汾阳和辽宁锦州等地区。

三十、长生07号

（1）品种来源：山西省农业科学院谷子研究所。

（2）特征特性：幼苗叶鞘叶色绿色，穗为纺锤形，株高162厘米，穗长23.5厘米，穗粗3.2厘米，单穗重29.1克，单穗粒重24.2克，出谷率83.16%，千粒重3.1克，穗松紧度中等，刚毛中等，籽粒半圆，谷壳白色，米色金黄，抗病、抗倒、抗旱，田间生长整齐健壮，成熟时能保持绿叶黄谷穗。

该品种抗病、抗倒、对谷子白发病、黑穗病表现均为高抗。在参加国家区试的14个点区域试验以及所内的多年品比鉴定、生产示范中，均未发现白发病、黑穗病、谷瘟病等真菌性病害和倒伏现象。

（3）产量表现：2年平均亩产301.7千克。

（4）营养品质：该品种品质优、米色黄，商品性好。经农业部谷物品质监督检验测试中心检验品质分析，小米粗蛋白质（干基）11.65%，粗脂肪（干基）2.42%，赖氨酸0.21%，直链淀粉（脱脂样品）16.75%，胶稠度136.5毫米，糊化温度3.7级（碱消指数级别），维生素B_1 0.37毫克/100克。

（5）栽培要点：

①选地及轮作倒茬：选择肥旱地或中等肥力的土地，整地细致均匀，并应避开上茬作物是谷子的茬口种植，以免加重病害的发生。

②播期播量：该品种适宜播期为5月中旬，播量可根据播种时间、土壤墒情、整地质量及土质情况而定，一般播种量为0.75～1千克/亩，留苗2.5万～3万株/亩。

③施肥情况：施底肥，一般施有机肥2 000～3 000千克/亩，硝酸磷肥20千克/亩，一次深施，生育期间不需追肥。

④防治病虫害：在谷苗三叶一心期喷杀虫剂，可有效预防和防治谷子钻心虫为害。

⑤田间管理：在谷苗“猫耳叶”时压青苗1～2次，时间在中午前后，全生育期中耕除草3次，第一次在谷子定苗后中耕围土，第二次在清垄后深中耕；第三次在孕穗中、后期再深中耕培土。

⑥适时收获：抽穗后50～60天，谷码100%变黄，谷粒90%以上变黄即可收获。不可早收，灌浆不充分影响产量与品质；也不可过晚，落粒严重，造成浪费。

（6）适宜种植区域：该品种生育期125天，属中性晚熟品种。在山西省的晋城、晋中、临汾、长治等春播区均可种植。生育期比晋谷21号稍晚，在无霜期较短地区推广时应注意。

三十一、晋谷34号

（1）品种来源：晋谷34号（晋遗谷85－2）系山西省农业

科学院作物遗传研究所选育出的谷子新品种，于2002年4月分别通过国家和山西省农作物品种审定委员会。

（2）特征特性：该品种具有优质、高产、抗病、绿叶成熟，适应性广的特点，由其加工的小米营养丰富，被评为国家一级优质米。本研究分析了晋谷34号的丰产性，稳定性和适应性，旨在全面了解其生产性能，使其在生产中因地制宜，合理利用。

（3）产量表现：1998—2000年，晋谷34号在全国西北7省区（晚熟区）联合区试，3年6地18点试验，平均产量为291.4千克，14点增产，在甘肃、山西、陕西3省表现尤为突出，其中，2000年在各点的8个参试品种中产量均位居第一。2001年陕西、甘肃、山西、北京三省一市8点进行跨省适应性生产试验，晋谷34号平均单产268.7千克，比当地推广的对照品种增产18.6%，增幅在5.5%～36.5%，表明晋谷34号具有较好的丰产性及增产潜力。

（4）营养品种：该品种品质优良，其小米营养丰富，米粒鲜黄，香味浓郁，黏糊汤。2001年在全国第四次优质米品质鉴评上荣获国家一级优质米称号。1998—1999年两次经农业部谷物品质监测中心分析，蛋白质含量最高为11.91%，脂肪含量为5.30%（高于国家一级优质米标准），维生素B_1为0.63，直链淀粉为15.625%，胶稠度132毫米，糊化温度5.30级，品质与目前生产上大面积推广的优质谷子品种晋谷21号相当，粗脂肪含量和糊化温度都大于国家级优质米标准，蛋白质、直链淀粉、胶稠度均高于国家级优质米标准。

（5）适宜种植区域：中性晚熟品种。在陕西、甘肃、山西、北京等春播区均可种植。

三十二、晋谷40号

（1）品种来源：山西省农业科学院经济作物研究所。

（2）特征特性：该品种生育期128天，幼苗绿色，单秆不分蘖，主茎高120.3厘米，主穗穗长21.3厘米，穗形纺锤形，穗刚毛短，支穗密度4.82个/厘米，比晋谷21号5个/厘米稍稀，小码紧，秕谷少，穗粒重14.1克，出谷率82.3%，千粒重3克，白谷黄米，商品性好，抗旱性能强，成熟期保绿性好，抗倒伏。试验几年来未发现白发病，抗性水平明显优于晋谷21号。

（3）产量表现：2002—2004年所内品比试验，产量为3 010.5～3 840千克/公顷，三年平均产量为3 489千克/公顷，比对照晋谷34号增产14.0%，2003年在汾阳、交口、柳林、襄垣等地进行生产试验，单产为3 550.5～5 190千克/公顷，平均产量4 398千克/公顷，比对照晋谷21号亩产4 007.7千克/公顷增产9.74%。2004年在交口、柳林、襄垣等地进行生产示范，6点次单产达5 670～6 525千克/公顷，平均产量5 228.6千克/公顷。目前，该品种已作为更新晋谷21号的新品种在山西大面积推广。

（4）营养品质：经农业部谷物品质监督检验测试中心化验，晋谷40号籽粒粗蛋白含量11.97%，粗脂肪5.69%，赖氨酸0.24%，钙158.4毫克/千克、铁44.51毫克/千克、锌44.51毫克/千克。小米适口性优于晋谷21号，比晋谷21号细绵，黏糊性强。

（5）栽培要点：

①注意轮作倒茬，防重茬。

②适时早播，山西东、西两山冷凉地区4月底5月初播种，其他地区小满前后播种。

③合理施肥，每生产100千克谷子籽粒需纯氮2.5千克，与玉米需氮量基本相等；需五氧化二磷1.3千克，所以，必须采取两肥下地（基肥、追肥），以肥攻苗、攻棵、攻穗粒，彻底改变谷子耐瘠薄就少施肥的旧观念。

④加强田间管理：3～4 片叶苗期间苗，5～6 片叶期定苗，留苗 30 万～37.5 万株/公顷。拔节前后进行及时中耕，清除田间杂草和病弱苗。拔节期、抽穗期有条件的要及时灌水。

⑤防治病虫害，间苗前后至拔节期用“触即倒”、“大灭亡”、或“全杀”等农药防治钻心虫（粟灰螟和玉米螟）的为害。米质优易鸟害，在灌浆到成熟期注意防鸟害。成熟后及时收获，防养分倒流，防杂保纯，保证小米品质。

（6）适宜种植区域：无霜期 150 天以上地区春播，无霜期 180 天以上地区复播。

三十三、大同 32 号

（1）品种来源：山西省农业科学院高寒作物研究所。

（2）特征特性：幼苗叶片绿色、叶鞘浅紫色、谷粒黄色，茎高 133.9～156.6 厘米，穗长 25.5～28.9 厘米，穗形呈长鞭形，单穗重 23～28 克，穗粒重 20～23 克，千粒重 3.8 克左右。幼苗发苗快，生长迅速，整个生育期内植株生长健壮，在春播早熟区生育日数 125 天左右，株型为单秆大穗大粒披散型。该品种抗逆性较强，抗倒伏为 2 级，耐旱性为 2 级，谷锈病、白发病、谷瘟病为 0 级，纹枯病为 1 级，白发病发病率为 0.5%，黑穗病发病率为 0.75%，红叶病发病率 1.6%，线虫发病率为 0，虫蛀率为 1%。

（3）产量表现：2004—2005 年提升新品系比较试验，两年平均单产 444.25 千克/公顷，比对照种大同 14 号平均单产 391.63 千克/亩，增产 11.49%；2005 年单产 482.25 千克/亩，比对照单产 417.75 千克/亩，增产 15.4%。

（4）营养品种：大同 32 号谷子谷粒黄色，品质好，出谷率 81%，出米率 80%。经农业部谷物品质监督检验测试中心检测结果，谷子粗蛋白 10.72%，粗脂肪 4.31%，赖氨酸 0.29%。品尝结果：口感绵软，食味香。

（5）栽培技术：

①精细整地；山西省春旱问题较为严重，导致出苗不齐，影响了谷子产量的提高。通过秋翻地（一般耕深16~20厘米）达到蓄墒目的，改善土壤物理性状，改善谷子根系分布与促进其生长发育。没有条件进行秋整地的区域，可在次年春天进行春耕整地，减少水分流失，保住底墒是关键所在。早春拖、耙、镇压也是保墒保苗的有效措施。

②适时播种；大同32号在春播早熟区一般播种日期4月25~30日为宜。如果太早播种可能因地温过低或轻霜冻影响谷子出苗。

③加强田间管理；夏季是杂草容易滋长，各种病虫害繁殖的更快，加上天气变化太快，很容易发生自然灾害。这样根据谷子不同的生育期阶段及养分、水分的需求，加强不同时期的田间管理，就显得尤为重要。

a. 及时间苗（一般幼苗长出3~4片真叶时，应先疏苗一次，先间开一定距离，到5~6叶时定苗最好，最好用手间开。间苗越迟，产量越低。间苗时，注意距离要留匀，大小要一致；要去弱留壮苗，去小苗留大苗，去病苗留健苗，同时必须要剔除杂草、病株）。

b. 合理密植（首先要种子好，尽量保证全苗，而后才能在间苗时再根据需要选留，以达到合理密植的目的。所谓合理密植，就是有计划的控制一定面积谷苗分布密度，因地制宜增加单位面积的株数，扩大绿色叶面积和根系的吸收范围，充分利用光、温、水、肥条件，发挥群体的增产作用。使谷子的个体（单株）发育、群体（每亩总株数）发育、地面营养（茎叶对光照、二氧化碳等的利用）与地下营养（谷子根系对土壤养分的吸收）达到统一协调的发展，通过谷子穗多、穗大、籽粒饱满来实现高产的目标，这是谷子增产的重要一环。但是需要注意谷子不是越密越好，必须根据栽培条件合理密植。在水肥条件较好，土壤有机质含量较高的情况下，可适当密植，反之应适当稀植。以大同32号为例，一般水地留苗2.5万~3万株/亩，产量低的瘠薄旱地留苗2万株/亩比较合适）。

c. 中耕培土第一遍中耕可在苗高3~4厘米进行，由于苗小，要浅锄。其作用是去除杂草，防旱保墒，第二遍中耕，在定苗以后，要深锄，让谷苗长的敦实，根扎的深。深度应在6.6厘米以上。拔节以后苗高33厘米时，不宜再深锄。因为此时谷子根系在土壤表层大量分布，再深锄就要伤根，影响谷苗生长。中耕时，一定要注意培土。第一次在定苗后深锄时，用少量土壅根，以保护谷子次生根生长。第二次培土时应在拔节以后，培土量比第一次要多，至少要埋住分蘖节。培土封垄后，不宜再中耕。如果杂草多，可以拔除不必再锄。此次培土以后，行距须形成垄沟，利于灌溉和排除多余积水。谷子在进行高培土后，由于垄高通风透光，扎根层次多，根系分布深广发达，容易促进谷子穗大、粒多、秕谷少，有利于谷子高产增产。

④适时追肥除了要施足底肥以外，为了高产，必须施用氮肥（一般用尿素）进行追肥。尤其是未施基肥的麦茬谷更要追肥。据试验，大同32号以拔节期施用最合适。如底肥不足，幼苗生长不良，可在定苗后增施一次；如果幼苗生长旺盛，可改在抽穗时追肥一次。丰产田以拔节、抽穗施用效果更好。施肥用量为300千克/公顷。具体用量依据地力等级条件来调节。追肥以后，应及时、适当浇水，才能更大的发挥肥效。只有肥水结合，才是丰产的重要保证。

（6）适宜种植区域：山西省春播早熟区及陕西榆林、甘肃会宁、宁夏回族自治区西吉、河北张家口、内蒙古自治区呼和浩特和包头等地区的部分县（区）。

三十四、公矮5号

（1）品种来源：吉林省农业科学院作物育种研究所。

（2）特征特性：籽实圆形，种皮粗糙，谷黄色，米黄，色粳性。千粒重3.1克，穗长25.1厘米，单穗粒重14.7克，穗筒状，穗松紧中等，刺毛长度中等；幼苗绿色、叶鞘浅红色，秆高117.5厘米，生育期124天左右，抗白发病、谷瘟病、抗黑穗病、粟秆蝇，适应性广。

（3）产量表现：2005—2006年在吉林省的中、西部地区参试8个点次，增减产比为7∶1；2005年平均产量4 409.4千克/公顷，比对照公谷60号增产5.59%，2006年平均产量4 583.4千克/公顷，比对照公谷60号增产7.53%，两年区域试验平均产量4 496.4千克/公顷，比对照公谷60号增产6.56%，2006年生产试验平均产量4 186.7千克/公顷，比对照公谷60号增产9.57%。

（4）营养品种：公矮5号的商品价值较高，小米外观品质好，粒大色鲜，适口性佳，出米率80%左右，整米率98%，蛋白含量10.62%，脂肪2.37%，赖氨酸0.22%，直链淀粉19.84%，胶稠度116毫米，糊化温度2.08级（碱消指数级别），维生素B_1 3.8毫克/千克，微量元素硒27.09微克/千克。

（5）栽培技术要点：

①选好地块、整地保墒（谷子对茬口比较敏感，应避免重、迎茬种植。上茬作物收获后，秋翻、秋耙，垄播的随后起垄蓄墒。春整地在播前顶凌耙平、耢平、镇压）。

②适时播种，一般4月下旬至5月上旬播种，即当10厘米土层温度达8℃时即可播种，充分利用土壤水分、温度、光照等保全苗。播前晒种2~3天或用盐水选种，开沟条播的播深3~4厘米，播幅12厘米左右，播量10千克/公顷，播后镇压。

③每公顷保苗60万株左右。

④施肥（施足底肥，基施磷酸二铵150千克/公顷，拔节期追尿素150～200千克/公顷）。

⑤及时防治病虫害（播种时撒毒土等，防治地下害虫，6月下旬注意防治黏虫、玉米螟）。

（6）适宜种植区域：吉林省中、西部地区及辽宁相邻的市（县）。

三十五、晋谷28号（黑谷子）

（1）品种来源：山西省农业科学院以陕县黑支谷系选后代为育种材料，经$^{60}C_0$辐射诱变育成。1966年通过山西省审定。2003年通过全国谷子品种鉴定委员会鉴定。

（2）特征特性：幼苗叶鞘绿色，叶色浓绿，株高130厘米左右。谷穗鞭绳形，穗码分化整齐，紧实，穗长30厘米，穗梗短而整齐，为1～5厘米，谷粒灰黑色，千穗粒重3克左右，出谷率80～90%，出米率78～80%。生育期春播135天左右，夏谷110天左右。分蘖力强，最多可达18个，有效成穗3～5个。高抗黑穗病、白发病、红叶病，抗粟灰螟，抗旱、抗倒伏，耐霜冻。

（3）产量表现：2001—2002年参加国家谷子品种区域试验，两年区域试验平均亩产270.9千克，比统一对照晋谷16号增产4.03%，居参试品种第一位。2001年区域试验平均亩产241.3千克，平均比统一对照晋谷16号增产0.4%，居参试品种第三位；2002年平均亩产300.5千克，比统一对照增产7.90%，居参试品种第一位。2002年参加生产试验平均亩产283.4千克，比对照增产13.97%，居第一位。

（4）营养品种：食用口感好，米饭香，黏性大，油性大，无米渣，获1995年全国农业博览会金奖。

（5）栽培要点：适期播种，每亩留苗1万~2万株，可保成穗3万~6万穗。施足基肥，适时追肥。

（6）适宜种植区域：山西省太原市以南、晋西、陕北等地无霜期150天以上，年平均气温大于8℃，春旱难捉苗的旱坡地和旱塬地，不宜在水肥地种植。

第三节 富硒谷子新品种

一、冀谷21

（1）品种来源：冀谷21系河北省农林科学院谷子研究所采用目标性状基因库育种培育成的谷子新品种，经2003—2004年国家谷子品种区域试验鉴定，均表现高产、稳产，米质优良。

（2）特征特性：冀谷21生育期85天，绿苗，株高119.2厘米，属中秆半紧凑型品种。在亩留苗5.0万株的情况下，亩成穗4.62万穗，成穗率92.4%；纺锤形穗，松紧适中，穗长17.6厘米；单穗重、穗粒重分别为15.2克、13.0克；出谷率、出米率分别为85.5%、80.0%；黄谷，米色金黄，米色一致性上等，适口性好，千粒重为2.77克。2003年国家谷子品种区域试验试点山东省莒南县，谷子生育期间降雨量达966毫米，比常年多110毫米，其中6月下旬到7月中旬降雨达344.6毫米，试验田发生涝害，多数品种叶片枯萎，冀谷21上部叶片仍呈绿色，耐涝性明显强于其他参试品种，亩产达210千克，超出对照豫谷5号7.79%；2004年山东省农科院作物所试点发生涝灾，6月中旬到9月中旬降雨量达850毫米以上，较常年多50%，冀谷21在参试品种中表现抗涝性最好，平均亩产达203.36千克，较对照增产5.45%，居参试品种第一位。经连续两年区域试验自然鉴定，该品种抗倒性、抗旱性均为1级，对谷锈病、谷瘟病、纹枯病抗性均为1级，抗白发病、红叶病、线虫病；经连续两年21个点次的国家谷子品种区域试验自然鉴定，该品种1级高抗倒伏，对谷锈病、谷瘟病、纹枯病抗性均为1级。

（3）产量表现：该品种在2003—2004年国家谷子品种区域试验中区域试验、生产试验总评亩产357.59千克，较对照豫谷5号增产15.12%。区域试验中平均亩产330.47千克，较对照豫谷5号增产12.20%，居2003—2004年度参试品种第二位，2004年生产试验亩产384.7千克，较对照增产17.73%。两年21点次区域试验中19点次增产，稳产性好。

（4）营养品质：硒是人体必需的营养元素，可以防治多种疾病，经农业部谷物品质检验检测中心化验，冀谷21小米含硒量达193.3微克/千克，是我国小米硒平均含量的2.72倍，为目前我国含硒量最高的品种。冀谷21食用品质、商品品质兼优，千粒重2.81克，出米率80.3%，米色金黄，米色一致性上等，适口性好，小米含粗蛋白13.50%，粗脂肪4.25%，直链淀粉15.42%，胶稠度112毫米，糊化温度3.3级，维生素B_1 5.3毫克/千克，矿物质锌、铁含量分别为31.26毫克/千克、30.06毫克/千克，2005年在中国作物学会粟类作物专业委员会举办的“第六届全国优质食用粟鉴评会”上被评为二级优质米。

（5）栽培技术要点：

①种子处理　播前用57度左右的温水浸种，预防线虫病发生。

②播期　冀鲁豫夏谷区适宜播期为6月20～25日，最晚不得晚于6月30日，晋中南、冀东、冀西及冀北丘陵山区应在5月20日左右春播，宁夏南部5月上旬春播。

③合理密植　夏播亩留苗在4.5万～5.0万株，春播留苗密度在3.5万～4.0万株/亩。

④肥水管理　在孕穗期间趁雨或浇水后亩施尿素20千克

左右。

⑤及时进行间苗、定苗、中耕、培土、锄草、防治病虫害等项田间管理工作。

(6) 适宜种植区域　河北、河南、山东夏谷区，也可在唐山、秦皇岛、山西中部、宁夏南部春播。

二、冀谷 18

(1) 品种来源：冀谷 18 是河北省农林科学院谷子研究所以“谷研 4 号”为母本，“高 39”为父本，进行有性杂交培育而成，原名“冀优 1 号”，2003 年 3 月 15 日通过全国谷子品种鉴定委员会鉴定。

(2) 特征特性：该品种幼苗绿色，夏播生育期 86 天，株高 106.7 厘米，穗长 17.8 厘米，纺锤形穗，松紧适中。单穗重 12.1 克，穗粒重 9.70 克，在亩留苗 5.0 万株的情况下，亩成穗 4.56 万穗，成穗率 91.2%，在同期参试品种中成穗率最高。出谷率 80.2%，出米率 78.5%。黄谷，米色浅黄，适口性好，千粒重为 3.0 克。抗逆性较强，在两年 22 点次的国家谷子品种试验中表现 1 级抗倒，2 级抗旱，对谷锈病、谷瘟病、纹枯病抗性较强，均为 1 级，抗红叶病、线虫病、白发病。

(3) 产量表现：2001—2002 年参加国家谷子品种试验（华北夏谷区组），两年 22 点次区域试验和生产试验平均亩产 350.2 千克，较对照豫谷 5 号增产 10.54%。2001—2002 年还跨生态区参加了国家谷子品种试验西北春谷区中熟组试验，两年平均亩产 296.4 千克，与统一对照承谷 8 号产量持平，其中，在内蒙古赤峰市农业科学研究所、河北省承德市农业科学研究所、山西省农业科学院经济作物研究所、山西省农业科学院作物遗传科学研究所试点表现较好，2001 年在承德市农业科学研究所试点亩产达 528.8 千克。在大面积示范中，一般较当地品种增产 10% ~

15%，小面积最高亩产542千克。

（4）营养品质：“冀谷18”米色浅黄，一致性上等，煮粥省火、黏香，品质较好。2001年在中国作物学会粟类作物专业委员会主办的“全国第四次优质米品质鉴评会”上评为一级优质米。经农业部谷物品质监督检测中心检测，小米含粗蛋白质11.3%，粗脂肪3.66%，直链淀粉16.74%，胶稠度144毫米，碱消指数2.3级，维生素B_1 5.86毫克/千克，维生素E 10.51毫克/千克，硒180.1微克/千克，铁24.86毫克/千克，锌22.41毫克/千克。医学研究表明，硒是人体必需的微量元素，具有抗氧化、提高人体免疫力、防治大骨节病、克山病和癌症等作用。冀谷18小米含硒180.1微克/千克，是一般品种的2倍左右。

（5）栽培技术及适种：

①该品种在冀鲁豫夏谷区适宜播期为6月15~25日，最迟不晚于7月5日，行距0.35~0.4米，亩留苗4.5万~5.0万株；

②在冀东北、冀西丘陵山地春播的适宜播期为5月10~30日。在河北承德、山西太原、内蒙古赤峰、宁夏固原等地春播适宜播期5月10日左右。春播要求行距0.4~0.5米，亩留苗4.0万株。

③旱地拔节后至抽穗前趁雨亩追施尿素15~20千克；水浇地孕穗中后期亩追施尿素15千克。抽穗前后注意防治黏虫和蚜虫。

三、龙谷25号

（1）品种来源：黑龙江省农业科学院作物育种研究所“哈尔滨5号”为母本，“龙谷23号”为父本，采用杂交方法育成，原代号“龙79－5503”。1986年通过黑龙江省农作物品种审定委员会审定。

（2）特征特性：突出特点是硒含量高，经哈尔滨市卫生防疫站分析，硒含量为65微克/千克，是当地一般品种的2～3倍，在缺硒地区可防治克山病，大骨病和部分癌症。生育期117天，幼苗叶鞘浅色，株高150厘米，穗长15～18厘米。纺锤形穗，刺毛中等，千粒重3.2克。抗旱，耐冷凉，抗白发病、黑穗病，高抗倒伏。

（3）产量表现：在黑龙江省谷子品种区域试验中，平均亩产183.1千克，较比对照增产11.2%；在生产试验中，一般亩产150～200千克，最高亩产400千克。

（4）营养品质：黄谷黄米，适口性好，小米粗蛋白质12.4%，脂肪4.17%。

（5）栽培要点：适宜播期4月下旬至5月初，采用垄上三条播种方法，行距60厘米，播幅16～18厘米，亩留苗5万株左右，种肥每亩施磷酸二铵8～10千克，拔节期追施尿素10千克。其他管理同一般品种。

（6）适宜种植区域：黑龙江省第一、第二积温带春播种植。

第五章 谷子的栽培技术

第一节 轮作倒茬

一、选择茬口

谷子的前茬以豆类、油菜最好。玉米、高粱、棉花、小麦、马铃薯等作物，也是谷子较好的前作。一般认为，能够早腾茬的作物，都是谷子良好的前作。由于谷子多种在瘠薄地上，施肥少，一般多认为谷子是“穷茬”。这不是谷子本身的原因。在两熟地上，只要注意谷子的施肥，夏谷腾茬早于夏玉米，反而成为小麦的好前茬。

二、谷子忌重茬

谷子不宜重茬，必须合理轮作。谷子连作的害处主要是：

(1) 病害严重，特别是谷子白发病，主要是由土壤传染，连作会加重发生，据天峰坪、万家寨等试验，连作谷子，白发病感染率高达38.3%；隔一年种谷子，降低到3.7%；隔二年种谷子，降低到2%；隔三年种谷子，降低到0.5%。可见，合理轮作是防除谷子白发病的有效措施。

(2) 连作杂草严重，容易造成草荒。谷莠草是谷地伴生杂草，谷子连作常使谷莠草增多，“一年谷，三年莠”。谷莠草埋在土壤里，多年仍能保持发芽力，只要翻到土壤表层就可以发芽，谷莠草分蘖多，生命力强，成熟早，易落粒，所以连作容易造成草荒。

(3) 谷子根系发达，吸肥力强，连作还会大量消耗土壤内同一营养要素，造成“竭地”，致使营养要素失调，对谷子生育带来不利影响。

因此，在轮作周期中必须合理换茬，以调节土壤养分，恢复地力，减少病虫杂草为害。在白发病严重的地块，最好隔3年再种植谷子。

第二节 整 地

一、秋季整地

旱地（一般一年一茬作物）谷子播种出苗需要的水分主要来自上一年。因此，做好秋雨春用，贮墒是保全苗的关键措施。从入伏多雨时候开始，就要做好贮墒工作，在作物行间中耕松土，这样既可多贮伏雨，又能保护底墒，减少水分蒸发，提高秋耕质量。

秋季深耕，对谷子有明显的增产效果。秋季深耕可以熟化土壤结构，增强保水能力，加深根层，有利于谷子根系下伸，扩大根系数量。秋耕要做到早、深、细，早秋耕疏松土壤，深秋耕加深活土层；耕后紧接耙、耢，消灭坷垃，减少水分蒸发。

秋耕深度一般要求达到20厘米以上，结合秋耕最好进行秋施肥，对贮墒有良好的作用。

二、春季整地

我国谷子产区多在旱地种植，并且播种季节干旱多风、降水量少，蒸发量大，而谷子因种子小，不宜深播，表土极易干燥，因此必须严格做好春季整地保墒工作，才能保证谷子发芽出苗所需要的水分。

秋深耕后进入冬季，气温降低，土壤蒸发量不大，土壤水分由上而下逐渐结冻，下层水分通过毛细管向上移动，以水汽形式扩散在冻层孔隙里结成冰屑。春季气温升高，进入返浆期，土壤化冻，随着气温不断升高，土壤水分沿着土壤毛细管不断蒸发丧失。因此，当地表刚化冻时要顶凌耙耢，切断土壤表层毛细管，耙碎坷垃，弥合地表裂缝，防止水分蒸发。播种前土壤表层含水量降到12%以下，只靠耙耢已不能起到保墒作用，通过镇压抑制气态水扩散是有效的保墒措施。华北北部及辽宁西部等地的“三九”镇压经验，实际就是在土壤化冻前的镇压，同样有保墒的效果。春季整地要根据具体情况灵活运用。如土壤干旱严重，就要多耙耢重镇压不浅耕；如果雨水多，地湿，就不需要耙耢镇压，而要采取耕翻散墒，以提高地温。

第三节　施　肥

一、谷子的需肥特点

一般春谷子每生产100千克籽粒，约需从土壤中吸收氮素2.5千克，磷1.25千克，钾1.75千克。谷子在整个生育期中，对氮素需要量较多，在幼苗期吸氮量占全生育期的2%～4%，拔节到孕穗期吸收量占全生育期的60%～80%，开花到成熟期吸氮9%～30%，且在不同的产量水平下，谷子吸收氮的差异明显。土壤氮素供应充足，植株生长快，叶片功能期延长，光合作用较强，干物质积累多，因而产量较高。磷素能促进和调节谷子的生长发育。磷素充足，可增强抗旱、抗寒能力，减少秕粒，增加千粒重，促进早熟，因此谷子对磷特别需要。谷子对钾的吸收能力也较强，体内含钾量也较高，钾素有增强茎秆韧性和抗倒伏、抗病虫害的作用。

二、北方春谷区合理施肥

晋北春谷子主要分布于平川中、低产土壤和丘陵山区沟洼地带，土壤养分较低。

（1）土壤有机质多在8.0克/千克以下，有效磷在5.0毫克/千克以下，速效钾在75毫克/千克以下，合理施肥是谷子增产的主要措施。亩产200~250千克地块的推荐施肥量为：每亩施纯N 6~8千克，P_2O_5 5~7千克，K_2O 2~4千克。旱地谷子的配方施肥应注意氮、磷配合，提高磷、钾肥用量。亩产150千克地块的施肥量应为每亩纯N 3~5千克，P_2O_5 2~4千克，K_2O 1~2千克。

（2）土壤有机质在8.0~10.0克/千克，有效磷3.0~6.0毫克/千克之间，速效钾在75~90毫克/千克之间，推荐谷子亩产150~200千克，测土配方施肥中氮、磷肥应协调提高，施肥量每亩为：纯N 5~6千克，P_2O_5 4~5千克，氮、磷、钾比为1：0.7：0.3。

（3）土壤有机质大于10.0克/千克，有效磷5.0~10.0毫克/千克，速效钾在75~90毫克/千克之间，谷子亩产200~300千克，施肥量每亩应为：纯N 6~8千克，P_2O_5 5~7千克，K_2O 2~5千克，氮、磷、钾比为1：0.9：0.5。

（4）土壤有机质大于15.0克/千克，有效磷5.0~10.0毫克/千克，速效钾在75~90毫克/千克之间，计划谷子亩产250~350千克，配方推荐施肥量为：每亩纯N 7~9千克，P_2O_5 7~8千克，K_2O 2~5千克，氮、磷、钾比为1：0.85：0.55。

（5）土壤有机质在10.0克/千克以上，有效磷5.0~10.0毫克/千克，速效钾在90毫克/千克以上，土壤供肥能力高于山丘区，计划谷子亩产300~400千克，农家肥施用量为3 000~

4 000千克，化肥推荐量为：纯 N 8～10 千克，P_2O_5 8～9 千克，氮、磷比为1∶0.83，钾肥可以不施。

三、谷子如何施用基肥、种肥和追肥

1. 基肥

基肥是谷子全生育期养分的源泉，是提高谷子产量的基础，因此北方谷子都应重视基肥的施用，特别是北部旱地谷子，有机肥、磷肥和氮肥以作基肥为主。基肥应在播种前一次施入田间，晋北区春旱严重，且气温回升迟而慢，保苗困难的区域最好在头年结合秋深耕施基肥，效果更好。

2. 种肥

谷子籽粒是禾谷类作物中最小的，胚乳贮藏的养分较少，苗期根系弱，很容易在苗期出现营养缺乏症，特别是晋北区谷子苗期，磷素营养更易因地温低、有效磷释放慢且少而影响谷子的正常生长，因此每亩用 P_2O_5 0.5～1.0 千克和纯氮1.0 千克作种肥，可以收到明显的增产效果。种肥最好先施入，然后再播种。

3. 追肥

谷子的拔节孕穗期是养分需要较多的时期，条件适宜的地方可结合中耕培土用氮肥总量的20%～30%进行追肥。

综上所述，在谷子施肥上，种肥是一项重要的增产措施。谷子种子是禾谷类作物中最小的，胚乳贮藏养分较少，春谷苗期土壤温度低，肥料分解慢，幼根吸收能力较弱，如果及时供应速效养料，对促进幼苗根系发育，培育壮苗，后期壮株高产都有重要的作用。谷子施用氮素化肥做种肥能显著提高产量。在谷子施肥总量中，分出 1/3 数量肥料作种肥要比全部化肥用作追肥增产效果好。见表5－1。

有效施用种肥，做到有机肥料与无机肥料配合，氮、磷肥配合。如：将过磷酸钙与羊粪或骡马粪、人粪尿搅均匀，堆积沤制，播种时再打碎搅细，混拌氮素化肥，每亩施用有机肥1 000～2 000千克。其中，含过磷酸钙20～30千克，尿素5千克。

表5－1　谷子施种肥和追肥比较

处理尿素（千克/亩）	亩产（千克）	增产（%）
不施种肥，追肥15千克	311.5	对照
种肥2.5千克，追肥12.5千克	357.6	11.9
种肥5千克，追肥10千克	362.8	12.3
种肥7.5千克，追肥7.5千克	345.6	9.1

用氮肥作种肥如施用不当，往往有“烧种”现象，播种时必须十分注意，特别是化肥与种子混拌，化肥吸潮，粘着种子，会严重降低田间出苗率。

颗粒肥料是解决化肥“烧种”和保持肥效缓慢释放的一种经济用肥的有效方法。一般谷物播种机播种谷子都有排肥装置，播种时种子与肥料同时播下，很为方便。颗粒肥料配合比例大致为过磷酸钙占30%～50%，尿素占10%～20%，加入30%～60%腐熟粪肥或粉碎过筛的草炭，做成小豆大小的颗粒较好。粒肥每亩施用量25～50千克。

四、谷子如何施用微量元素肥料

（1）基施：每亩用1～1.5千克微肥和10千克细土混合，在耕时均匀沟施入土。

（2）拌种：每千克种子用微肥4～6克，先用少量热水溶解，再用冷水稀释至所需量（一般每千克种子需0.1千克左右），均匀撒在种子上，边洒边拌均匀，晾干即可。

（3）浸种：常用浓度分别为硫酸锌0.02%～0.05%，硼酸

0.01%～0.05%，硫酸锰0.1%，浸种时间为6～12小时。

五、谷子增产必需增施有机肥

增施有机肥是改良土壤，培肥地力，提高谷子产量的有效措施。农家肥做基肥，应在上一年秋深耕时施用。秋施比春施好，农肥秋施后，经冬春初夏的腐烂分解，能及时供应谷苗所需的养分。据测定，基肥秋施较春施的速效氮、磷均有显著增加。同等数量农肥，春季做种肥施用不如秋季破垄夹肥效果好；同是破垄夹肥，秋夹肥比春夹肥效果好，

从目前生产水平出发，分析谷子的主要产区的生产经验可以看到，在一般土壤肥力条件下，谷子亩产200～300千克，每亩需施用质量较好的有机肥1 000～2 000千克。

结合改良土壤，施用有机肥要因地制宜。如阴坡地等冷性土壤，地温低，要增施骡马粪、羊粪等；沙性土壤多施优质土粪、猪羊粪等细肥。磷矿粉和过磷酸钙应与有机肥料混合沤制作基肥施用效果好。

第四节　种子准备

一、异地换种

我国北方地区采取异地换种是谷子复壮增产的宝贵经验。一个谷子品种长期在一个地方种植之后，就会出现植株生活力减弱，抗病力降低，穗形变小，千粒重降低，秕谷增多等种性退化现象。经过换种之后，品种生活力增强。总结各地谷子换种经验，必须注意：山区丘陵地区换种距离以15～25千米为宜，平川地区可以“百里回种”；同一品种以隔3～5年调换一次较好。

此外，“杂交谷子品种”对提高谷子产量，效果十分明显。

二、播前种子处理

(1) 播种前种子处理是保证苗齐、苗全、苗壮的有效措施。为了提高种子质量，许多谷子生产单位，年年坚持穗选留种，提高了谷子的种性，有效地消灭谷莠草的危害，对取得高产起到了很好作用。

播种前一周，选晴天将种子摊放在竹席上约2~3厘米厚度，翻晒2~3天。经过晒种的谷子能提高种子发芽和发芽势。播种用谷子要做发芽试验，发芽率应保证在90%以上。

(2) 为了进一步提高种子质量，防治病虫害，保证苗齐苗壮，生产上广泛采用盐水选种和药剂拌种。

①盐水选种　播前3~5天，将种子放在浓度10%的盐水内，捞出漂在水面上的秕谷和杂质，然后再将下沉籽粒捞出，用清水洗2~3遍，晾干；如果要进一步提高种子质量，也可以改用15%盐水浓度选种，效果更好。由于盐水浓度增大，能把一些半饱谷除去。试验证明，10%盐水选后，种子的千粒重一般可提高0.4~0.6克。选后的种籽粒大、饱满、营养足，刚出土的幼苗健壮、叶色深、整齐一致。盐水选种，对提高种子的发芽率和出苗率，均有很好的作用。

②药剂拌种　为了防治白发病和黑穗病，播前用50%萎锈灵或50%地茂散粉等药剂，按种子重量的0.7%拌种，防治效果良好。

第五节　播种期

播种期早晚对谷子生长发育影响很大。适期播种是保证谷子高产稳产的重要措施之一。我国土地辽阔，气候复杂多变，各地区播种时间不一样。一般情况是东北地区、内蒙古和河北的北部，由于气候寒冷，无霜期短，充分利用春季土壤化冻的返浆期播种，对保证谷子全苗非常必要，河北、山西、山东、陕西等省，有的在清明至谷雨播种，有的在立夏至小满播种，播种期幅度相差很大。因此，要确定谷子的播种适期，必须掌握谷子的生长发育规律和当地自然气候特点；搞清这两者的关系才能确定播种适期。

从河北、河南、山西、山东、陕西等地适期播种经验分析中可以看到，早播种虽然墒情较好容易保苗，但早播的谷子拔节后幼苗分化发育常遇到气候持续干旱，雨季仍未到来，招致“胎里旱”，以致穗小粒少。抽穗期需水最多，也常因雨季高峰还未到来，水分不足，穗子抽出困难，形成“卡脖旱”。谷子进入开花灌浆期却常处于当地雨季高峰，光照不足，影响授粉、灌浆，籽粒不饱满，产生大量秕谷，降低产量。

适期播种的谷子，能够充分利用自然条件，使谷子需水规律与当地自然降水规律相一致，使苗期处于干旱少雨季节，有利于蹲苗，使谷子长得壮实；拔节期生长发育加快，需要水分较多，这时雨季开始，幼穗分化期正是多雨季节，水分的供应得到充分的保证，抽穗期赶在降雨高峰期；开花灌浆期雨季高峰过去，降雨量减少，日照增多，昼夜温差增大，有利于开花授粉和干物质积累，灌浆饱满，秕谷减少。

目前，西北、华北春谷产区，经过多年来生产实践和播期试验对比，改变了谷子播期偏早的习惯，从过去谷雨左右播种改为立夏到小满播种为适期。

春谷种的太晚，出苗后遇高温容易发生“烧尖”，遇雨“灌耳”、地表板结等问题，生育后期容易发生贪青晚熟，初霜来得早更会遭受霜害，导致减产，值得注意。

东北地区播种时期大致在4月下旬到5月上旬。地处高寒地带的黑龙江省，气候寒冷，生育期短，春季风大，适时早播，容易保全苗，因此，在生产上安排各种谷类作物播种顺序时，除春小麦外，都是尽量做到谷子提前播种。一般在 4 月下旬 5 月上旬为谷子播种适期。

在干旱严重、无霜期短的高寒地区，种顶凌谷和冬谷是广大劳动人民同干旱长期斗争的一种抗旱播种方法。春天地表刚化冻达到播种层时播种，播种层以下还有冰凌，所以，叫顶凌谷。河北张家口、陕西北部等高寒干旱地区有用这种方法播种的。但随之带来的问题是钻心虫、白发病严重，谷子生育期延长，要求养分较多，在肥力不足的情况下，后期常发生早枯，秕谷增多导致减产。抢墒顶凌播种，除要采用适宜晚熟品种外，还要加强田间管理，增加肥料，及时防治虫害和鸟害。

春谷在头年冬前播种的冬谷。其优点和管理方法大致和顶凌谷相同。但由于冬谷不好保苗，虫害较严重，只有零星小面积种植。播种时间应当在地温降低到 2℃时较好。冬谷的种子、幼苗损失大，播种量要适当加大。每亩播量以 1.5 ~2 千克为宜。播种深度应达到 5 ~6 厘米。

第六节　播种技术

一、播种方法

由于各地耕作制度、播种工具等不同，播种方法也有很大的差别，大致可以分为以下种类。

1. 平播

根据使用播种工具的不同，又可分为耧播和机播两种。

（1）耧播：耧播的特点是开沟不翻土，跑墒少，墒情较差时容易保全苗；比较省工、方便，在各种地形上都可以播种。

耧播行距宽窄各地不一致，大致可分为双腿耧和三腿耧两种。双腿耧多采用单株等距匀留苗，田间管理方便。平川地也可采用宽窄行的方式，宽行 1.2 ~ 1.4 尺，窄行 5 ~ 7 寸（1 米 =3 尺，1 尺 =10 寸，全书同），这种方式有利于高培土，植株拔节后通风透光较好，对减轻谷子病虫害和避免谷子后期“腾伤”都有很好的效果。山西晋中地区有采用梅花耧播种的。

（2）机播：机械播种特点是下子均匀一致，播种深浅一致，种、肥同时播下，机械平播要比耧播提高工效 10 倍以上。近年来，随着农业机械化的发展，谷子机械平播高产典型不断增多。许多地方由于用了平播技术，谷子单产有了大幅度提高。机械平播谷子增产主要原因如下。

平播谷子前茬多是深翻。在深翻地上谷子根系主要分布在 30 厘米的深层，要比耧播的谷子根系分布深，有利于吸收土壤深层的水分和养分；机械平播的谷子播种深浅一致，出苗后，苗齐、苗全。由于机械平播缩垄增行，植株分布均匀，改善了谷子个体生长需要的水分、养分和通风透光条件，有利于个体生长。而大垄耧播播幅较窄，植株分布拥挤，没有充分利用营养面积，不利于个体生长发育。

机械平播主要有下面 3 种：15 厘米单行播；30 厘米单行播或 30 厘米双行播；45 ~ 60 厘米双行播。其中，以 30 厘米双行平播产量最高。30 厘米双行播种既保持了平播密度的特点，又可以在行间进行铲地松土作业，有利于通风透光。

机械平播谷子要注意选择地势平坦、前茬草少和肥力较高地块。由于机械平播铲地次数少，需要一个疏松土壤环境，要求前茬深翻，细致整地，增施基肥，加强管理，才能获得较大的增产效果。

2. 垄播

垄播也叫垄上耰种，是目前东北地区最普遍采用的一种谷子播种方法。近年来，由于科学种田的发展，垄上耕种，都做到加宽播幅，由原来 6.7 ~ 10 厘米播幅加宽到 13.3 ~ 16.7 厘米，比较有效地利用地力和空间，因而提高了谷子的产量。一般宽幅谷子要比窄幅谷子增产籽粒 10% 以上。垄播的旧式播种工具是耢耙现在经过改制的耕耙播种，在加宽播幅的基础上，又做到精量下种，垄上分行，不仅节省种子，而且可以节省大量间苗用工，有利于幼苗分布均匀。

垄上分行播种分 2 行播和 3 行播两种。播幅宽度 15 ~ 16 厘米，小行距离 5 厘米。其中，以垄上 3 行播种较好。垄上分行播种可使下子均匀，行簇等距，垄上分行，有利于谷子壮根壮苗，是当前垄播条件下最好的种植方式。近几年，东北地区创造了不少半机械化的改良耢耙，对谷子增产起到良好效果。

3. 沟播

沟播就是按一定行距开沟，把谷子种在沟里，然后覆土。这种播种方法常用于抗旱。如旱地春谷播种采取深开沟浅覆土再镇压的沟播种植法，保证种子播在有墒土上，是抗旱保苗的成功方法。沟播作用在于抗旱，同时可以达到集中施肥和防倒伏的目的，在培育根系、防止倒伏、壮苗密植上有明显的效果。

4. 机械化地膜覆盖播种

（1）地膜覆盖技术：此项技术主要适宜于干旱半干旱地区的谷子生产，特别是干旱又寒冷地区，通过此项技术的应用，达到增温和水分高效利用的效果，最终得到增产增收的目的。谷子的地膜覆盖技术很早就有人进行过研究，增产效果显著，但由于存在播种、铺膜以及放苗等方面的问题，生产难度大，技术不配套，此项技术并没有得到很好的推广。国家谷子产业技术体系栽培生理岗位、甘肃省农业科学院作物研究所通过对该项技术的深入研究，形成了基本完善的农机农艺配套的技术体系，此项技术通过试验示范，取得了很好的效果，是一项适宜在干旱半干旱地区推广的新技术。

旱地谷子地膜覆盖栽培把“膜面集雨就地入渗、覆膜抑蒸保墒增温、垄沟种植技术”融为一体，集成了机械播种、微垄集水入渗叠加利用、土壤水分抑蒸等技术，可有效提高有限降水资源的利用率，显著提高谷子产量。

（2）覆盖播种方式：

①全膜覆盖沟垄穴播；②全膜覆盖沟垄条播；③全膜覆盖平膜穴播；④全膜覆盖平膜条播；⑤半膜覆盖膜侧穴播；⑥半膜覆盖膜侧条播；⑦残膜（垄膜与平膜）免耕穴播。

以上覆盖播种方式中，以垄膜覆盖膜侧沟播技术较为成熟，形成了机械起垄、覆膜、施肥、播种一次完成的田间作业，操作简便实用，增产效果显著，具有很好的推广应用价值；全膜覆盖沟垄穴播栽培技术，通过与简易穴播机的配合使用，改善了田间作业的可操作性，同时由于集雨面积大，增产显著；残膜（垄膜与平膜）免耕栽培也是一种很好的覆盖栽培方法，此项技术通过上年玉米覆盖留下来的残膜，在不增加投资的情况下起到了很好的集雨、增温作用，增产效果显著。

（3）垄膜覆盖膜侧穴播种植方法与规格：一般选用覆膜穴播机，能一次完成起垄整形、垄上覆膜、膜侧播种、覆土镇压等工序，选用宽 70～80 厘米、厚 0.006～0.008 毫米的地膜。该技术操作简单，起垄、盖膜、播种一次完成。垄高 10 厘米，垄宽 25 厘米，垄上地膜覆盖，形成了微集水面，可使 7 毫米以下的无效降水叠加入渗，变成有效降水，增加根部土壤含水量。具有显著的增温、集水、保墒、增产效果。垄两侧各播一行谷子，膜上大行距 65 厘米，膜间小行距 45 厘米，这样行距平均为 55 厘米，穴距 21 厘米，单穴下籽 7～10 粒。随播砘压或播后进行人工采实的程序必须有，否则也难避免缺苗断垄。

二、播种量及播种深度

1. 播种量

谷子出苗后一般要间苗，所以，播种量并不能决定植株密度。但播种量多少对幼苗的壮弱却影响很大。谷籽粒小，如按千粒重2.5克计算，0.5千克种子就有20万粒，按每苗保苗3万～6万株计算，加上田间损失率，每亩播量0.1～0.2千克就够用。实际上谷子产区普遍存在"有钱买籽，无钱买苗"的现象，怕干旱不保苗，播种量普遍偏多，往往超过留苗数的5～6倍，使谷子出苗后密集，间苗稍不及时，就要影响幼苗生长，容易造成苗荒减产。因此，在做好整地保墒和保证播种质量的前提下，要适当控制播种量。

确定播种量主要应根据种子发芽率、播前整地质量、地下害虫危害情况等。如种子发芽率高、种子质量好，土壤墒情好，地下害虫少，整地质量高，播种量可以少些，每亩播种量可以控制在0.5千克以内；如果土壤黏重，整地质量差，春旱严重的地块，每亩播种量应不少于0.75～1千克。

采用机械化垄膜覆盖膜侧穴播，为了控制播种量，使种子均匀并防治地下害虫，可在种子里拌炒熟秕谷子或毒谷，效果较好，亩播种量0.35千克。

2. 播种深度

播种深度对幼苗生长影响很大。因为谷子胚乳中贮藏的营养物质很少，如播种深，出苗晚，在出苗过程中消耗了大量营养物质，谷苗生长细弱，甚至出不了土，降低出苗率，即使出了苗，根茎也要伸得很长，延长出苗时间，增加病菌侵染机会。一般播种深度5厘米左右，如覆土厚10厘米，出苗率比3厘米的降低27.4%，晚出苗2～3天。

播种深度适宜，能使幼苗出土早，消耗养分少，有利于形成壮苗。谷籽粒小，原则上以浅播较好，深度一般在3～5厘米。在土壤水分多的地块，还可以适当浅一些。但在春风大、旱情严重的地方，播种太浅，种子容易被风刮跑，就有缺苗断垄，甚至有毁地重播的危险。如天气干旱、干土层太厚，覆土也可以适当加厚，而应采取抗旱播种方法播种。

三、播后处理

谷子籽粒小，播种浅，而谷子产区春季干旱多风，蒸发量大，播种层常水分不足。如果整地质量不好，土中有坷垃空隙，谷粒不能与土壤紧密接触，种子难以吸水发芽。为了促进种子快吸水，早发芽深扎根，出苗整齐，播种后镇压是一项重要的保苗措施。除土壤湿度较大，播后暂时不需要镇压外，一般应随种随镇压。采用耧播的地区通常是随耧砘压。播种到出苗要根据土壤墒情、播种深度镇压2～3次，有保墒提墒效果。干旱时砘压三遍比一遍的保全苗率由52%提高到85%。同时增加土壤含水量，出苗率大大提高。采用机械化垄膜覆盖膜侧穴播技术，随播砘压或播后进行人工踩实的程序必须有，否则也难避免缺苗断垄，但地膜机械化谷子保苗率比传统露地谷子高15%以上。

四、旱地谷子地膜覆盖播种技术

（1）由于地膜覆盖栽培利于降水入渗，径流拦截；同时增加地表覆盖，利于保墒抑蒸，提高了雨水利用效率，解决了旱地谷子生产上下种难、抓苗难的问题。在膜侧谷子苗期降水后一周测定：种植沟0～10厘米土层土壤含水量比露地高8.9个百分点，10～20厘米土层土壤含水量比露地条播增加4.8个百分点。

（2）由于地膜覆盖栽培能提高地温，增加了有效积温，不仅能促进苗期生长发育，还可以促进早熟，解决了高海拔地区旱地谷子品种早霜冻害的问题，保证了晚熟品种的安全成熟。据测定：谷子地膜覆盖栽培苗期膜下0～10厘米土层日均土温比露地高3.2℃，播种沟0～10厘米土层日均土温比露地高1.3～2.4℃；10～20厘米土层日平均土温比露地高1.6℃。

第七节　种植密度

一、产量构成因子的分析

谷子产量的高低，决定于单位面积的穗数，每穗粒数和粒重三个因素的乘积。一切栽培措施都是争取这个乘积的最大数值。在这三者关系中，单位面积的穗数，主要是反映了群体的密植幅度；每穗粒数与粒重的乘积为每穗重，反映了群体内个体生长发育状况。一般，在稀植情况下，单株营养面积大，植株得到充分的发育，因此，单株穗大，每穗粒数多和粒重大，单株产量就高。但是，单位面积由于个体数量少，没有充分利用光能，营养和水分，群体产量仍然不高；单位面积穗数不足，成为影响产量的主要矛盾。但是，密度过大，虽然穗数增多，但单株瘦小，每穗粒数减少，穗重降低，甚至引起倒伏，也难于高产（表5－2）。

表5－2　不同密度的谷子产量构成因素

密度（万株/亩）	穗数（万穗/亩）	穗重（克）	每穗粒数（粒）	千粒重（克）
3.33	3.44	7.46	2 050	3.68
4.66	4.54	5.81	1 690	3.43
6.00	5.34	5.86	1 680	3.58
7.33	7.33	4.08	1 170	3.49
8.66	8.07	3.68	1 080	3.54

植株密度较稀时，增加植株密度，由每亩3.33万株增加到6万株，穗数随着株数的增加而增加，产量也相应提高，但密度超过6万株的密度与穗数、穗重的矛盾逐渐激化，穗重降低，穗粒数减少。单穗重由每亩6万株的5.86克降低到8.66万株的

3. 68 克；每穗粒数相应的由 1 680粒降低到 1 080粒。因此，提高产量已不能从加大植株密度，增加穗数来实现，而必须在保证一定穗数的基础上，增加穗粒数来提高单位面积产量，也就是要正确处理个体与群体的关系，创造合理的群体结构，使单位面积密度与穗数、穗粒重的矛盾得到统一，从而获得高产。在不同密度条件下，粒重是一个比较稳定的因素，它的变幅较小，密度每亩3. 3 万株的千粒重3. 68 克，8. 6 万株的千粒重仍然有3. 54 克。

总之，在一定条件下，单位面积的穗数，随着密度的增加成直线上升，而穗粒数是随着植株密度增加而逐渐下降。植株密度由小到大，千粒重变化较小，但变化的趋势是随着密度的增加而逐渐下降。只有在穗数曲线的交叉点，使穗数与穗粒数的矛盾得到统一，产量才能最高。

根据试验分析，在谷子产量3 个构成因素中，单位面积的成粒数是产量的主要构成因素。产量高低和单位面积上成粒数的多少是一致的。就是在同一密度的情况下，由于栽培条件的不同，产量高低，仍然取决于成粒数的多少。

我国北方谷子产区在长期生产实践中，根据谷子产量构成3 因素，因地制宜，采取不同的栽培密度，夺得了谷子高产，见表5 –3。

表5 –3　不同密度穗部性状的变化

项目	相同小区面积的穗数（穗）			
	13 000	16 000	19 000	22 000
产 量（千克/亩）	187. 9	212. 2	208. 1	206. 9
成粒数（万粒/亩）	4 810	5 600	5. 510	5 500
穗粒重（克）	14. 3	13. 2	10. 9	9. 4
穗粒数（粒）	3 700	3 500	2 900	2 500
千粒重（克）	3. 9	3. 78	3. 79	3. 74

注：中熟品种。

在北方春谷区，多采用单秆大穗型品种。一般每亩留苗3万株左右，虽然株数不多，但是发育较好，以大穗成粒数多夺高产，谷子连续几年亩产超千斤。

东北春谷区和河北、山西中南部夏谷区，采用矮秆、早熟、高密度，同样也能获得高产。东北地区一种途径是采取60厘米大垄，每亩保苗5万~6万株，争取大穗成粒数多创高产；另一种是采取机械平播，30厘米窄行密植，每亩保苗株数达到8万株（虽然每穗粒数减少），争取穗多、早熟，单位面积成粒数多创高产。近几年采用机械平播覆膜密植，亩产500~650千克的高产典型经常出现。

在夏谷地区，由于谷子播种晚，生长期短，气温高，生长发育加快，谷穗小，采取矮秆、早熟、高密度的种植方式，夏谷亩留苗有的高达10万株，依靠穗多来增加单位面积上的成粒数以夺取高产。由此可见，在一般条件下，在产量构成3个因素中，成粒数是起主导作用的因素。

二、合理密植

合理密植，就是要根据谷子品种特性，在不同的发育时期，保持一个合理的群体结构，使叶面大小保持一个合适状态。通过几年密度试验表明，以每亩6万株左右的产量结构比较合理，籽粒产量较高，但从谷草产量来看，每亩保苗8万株左右产量仍然很高（表5-4）。

叶面积指数是衡量群体结构的重要指标。叶片是进行光合作用的主要器官，叶面积大小，直接影响植株间的光照状况，同时也反映出植株的生长好坏，肥、水条件的供应情况。一般，叶面积指数大小与干物质积累，在一定条件下成正相关。叶面积指数增大，叶片对光的吸收和干物质积累也增加。叶面积小，光合产物不足，则难以高产；但叶面积过大，叶片重叠，遮阴严重，光合效率不高，影响通风透光，甚至引起倒伏，反而减产。在中上等土壤肥力条件下，谷子亩产400千克籽粒，在不同发育时期最适的叶面积指数大致为：苗期0.3～0.5；拔节期1.5～2.5；抽穗期5.5～6.0。以后，叶面积指数最好有10～15天的时间保持在一个稳定状态，再缓慢下降。到乳熟时期，叶面积指数最好仍保持在2.5以上。

表5－4　谷子不同密度的产量

密度（万株/亩）	生物产量（千克/亩）	谷草产量（千克/亩）	籽粒产量（千克/亩）
3.33	668.6	342.2	326.4
4.66	752.7	375.4	377.3
6.00	876.7	424.5	432.3
7.33	860.4	456.6	403.8
8.66	869.6	485.9	383.7

谷子合理密植与品种特性，气候条件、土壤肥力、播种早晚和留苗方式等因素有关。一般晚熟品种生长期长，茎叶繁茂，需要较大的个体营养面积，留苗密度应当稀些；早熟品种，生长期短，植株较矮，个体需要营养面积较小，留苗密度要密些。春谷品种留苗密度高于夏谷品种。谷子留苗密度除与品种特性有关外，栽培条件对留苗密度影响极大。在土壤肥力较高、水肥充足的条件下，留苗密度加大；旱薄地，留苗密度应减少。播幅加宽，留苗密度应加大，因此，产量提高。

在一般栽培条件下，北方谷子春播区，中等肥力旱地，以每亩留苗2.5万～3.0万株为宜；在肥力较高旱地，以留苗3.0万～3.5万株比较合适。若谷子品种多是不分蘖的单秆型，加上气候冷凉，生育期较短，所以植株密度应偏高，每亩株数大致在4万～8万株。如东北北部地区每亩株数应不少于8万株。

北方地膜覆盖谷子一般条件下（以张杂谷为例），亩留苗为5 000～5 500穴，单穴留3株，有效分蘖一般是3～5个，亩株数应不少于6万株。

第八节　田间管理

一、苗期管理

谷子从出土到拔节前为苗期阶段。苗期管理的中心任务是在保证全苗的基础上促进根系发育，培育壮苗，为谷子高产打下基础。壮苗的长相是根系发育好，幼苗短粗茁壮，苗色深绿，全田一致。苗期管理的主要措施如下。

1. 苗期镇压蹲苗

谷子出苗后，表土层被拱成松散状。在此间天气干旱，气温高，蒸发量大，容易出现地埴芽干现象。为了防止芽干死苗，促进幼苗壮实，谷子产区都有黄芽砘、压青砘的做法。黄芽砘即谷苗快出土时进行镇压，镇压能增加土壤紧密度，有利于下层土壤水分上升，帮助出苗，避免烧尖。压青砘是在谷苗2～3叶时期进行。压青砘能有效控制地上部分的生长，使谷苗茎基部变粗，促进谷子早扎根，快扎根，提高幼苗抗旱和吸肥能力，防止植株倒伏，起到蹲苗作用。

蹲苗除有采用压青砘外，如果谷子出苗后土壤干旱，适当控制地表水分，即使有浇灌条件，苗期也不浇灌，对控制地上部生长，促进根系深扎，也有很好的效果。谷子出苗后，土壤干旱，谷苗根系伸长缓慢，只要底墒好，就能不断把根系引向深处，有利于形成粗壮而强大根系。因此，应在土壤上层缺墒而有底墒的情况下蹲苗，控上促下，培育壮苗。我国北方地区十年九春旱，谷子出苗后的气候有利于蹲苗。但是，生育期短的品种不宜进行蹲苗。

2. 防“灌耳”、“烧尖”

小苗出土，若遇急雨，往往把泥浆灌入心叶，造成泥土淤苗，叫“灌耳”。为了防止“灌耳”，根据地形，在谷地里可挖几条排水沟，避免大雨存水淤垄。低洼积水处要及时排水，破除板结。

在土壤疏松、土壤干旱、播种迟的地块，谷苗刚出土时，中午太阳猛晒，地温高，幼芽生长点易被灼伤烧干，造成死苗。要防止“烧尖”，必须做好保墒工作，增加土壤水分，使土壤升温慢，同时做好镇压。

3. 补苗移栽

谷子出苗后发现断垄，可用温水浸泡或催芽的种子进行补播。如果谷苗长大仍有缺苗，需要进行移栽，以保证全苗。据试验，谷苗以5叶期最易成活。旱地移苗的经验是在雨后谷苗出白根时，用铲把苗挖起来，先开小沟将谷苗栽在缺苗处，然后浇水，再盖一层细土，以防止土壤板结。关键是谷苗长出白根才能移；白根变黑就不容易活。如果土壤干旱，应在移栽前一天将准备移的苗行浅浇水，待长出白根，结合间苗移栽，移栽后浇水，容易成活。

4. 间苗和定苗

早间苗防荒，对培育壮苗有很大的作用。由于谷子播种量要比留苗数大很多倍，因此，苗一出土就拥挤。特别是耧播，小苗密集，形成“马鬃”。加上草比苗长的快，容易形成草与苗、苗与苗之间争水、争肥、争光的矛盾。其中，又以争光的矛盾严重。如不及时间苗，就会影响谷苗的生长，影响后期的生育，严重降低产量。

谷子间苗早晚，对生长发育影响很大。“谷间寸，顶上粪”，说明谷子早间苗的效果良好。间苗越推迟，减产越大，以3～5

叶期间苗为适期，早间苗比晚间苗一般可增产 10% 以上。3 叶期间苗好于 8 叶期间苗是由于早间苗改善了光照条件，促进植株的新陈代谢，生理活动旺盛，有机物质积累增加，叶色深绿。据测定根系重量，早间苗比晚间苗增大 2.5 倍。

早间苗，根系发达，植株健壮，为后期壮株大穗打下基础，是谷子增产的重要措施，特别是在播种密度较大和高产地块，更必须及早间苗，促进苗齐、苗壮。谷子在 3 叶期前，仅靠一条种子根吸收土壤营养，3 叶期后，开始生长次生根，随着叶龄的增长，次生根数逐渐增多，特别是雨后，须根长得快，这样会给间苗带来困难，不但费工而且容易伤苗，影响谷子的生长。因此，谷子间苗要抓小、抓早，最好在 4 ~5 叶期间完成。

定苗时，一般要多留 10% ~15% 的苗，到秋才能保证株数。定苗方式与培育壮苗有密切关系。生产上常见的留苗方式有：单株等距离留苗、错株留苗、留撮苗 3 种。单株等距留苗，由于光照、营养等条件均匀，容易普遍获得壮苗。采用宽窄行、宽幅条播、沟播和垄上条播的，可以错株留苗，但要注意中间行留苗比两边稀些，以利于苗匀，生长一致。留撮苗，即三五株成一撮，采用穴播时留撮苗，每撮间距 15 ~20 厘米。

5. 中耕除草

中耕除草是谷子的一项重要田间管理措施。谷子苗期生长较慢，易受杂草为害，除草应及早进行。对谷子来说，苗期锄地兼有松土和除草两重作用。在高寒冷凉地区，还有疏松土壤，增温防寒的效果。第一次中耕可结合间苗进行。中耕要做到除草、松土、围苗相结合，以促进次生根的生长，同时有提高地温、防止大风扒苗、晃动伤苗。

在谷子苗期中耕除草的同时，结合化学除草，可使除草工效大为提高，同时节省劳力，减轻谷子除草劳动强度，谷子增产显著，在生产上很受欢迎。谷地除草以 2,4 - D 丁酯应用较普遍，除草效果好，用药量和喷药时期得当，杀草效果可达 90% 以上，主要是杀灭双子叶杂草。

在草荒严重的谷地，一次全面喷药，在谷子 4 ~5 叶期，每亩用 72% 含量的 2,4 – D 丁酯 30 ~40 克对水 15 ~20 千克喷雾。如草荒不严重，仅于苗眼内喷药，每亩用药量 20 克左右，对水 10 千克喷雾，就可以收到防治的效果。谷子在 5 叶期前抗药力差，因此，为了避免药害，提高药效，要测准喷药面积，用药量合适，喷洒均匀，不重不漏。喷药时气温以在 20℃ 以上效果最好。

谷莠草是谷子的伴生杂草。由于苗期与谷子形态相似，不易识别，很难拔除。用选择性杀草剂扑灭津防除谷莠草有很好效果。50% 可湿性粉剂的扑灭津每亩 0. 2 ~0. 4 千克，在播种后出苗前喷雾处理土壤，杀灭谷莠草效果可达 80% 以上。

谷子苗期，易受病虫害，特别是粟茎跳甲和地下害虫危害，引起缺苗，重则毁地，必须注意防治。

二、拔节抽穗期管理

谷子拔节到抽穗是生长发育最旺盛时期。田间管理的主攻方向是攻壮株，促大穗。拔节期的丰产长相是：秆扁圆，叶宽挺、色黑绿，生长整齐。抽穗期的丰产长相是：秆圆粗敦实，甩开大叶，色黑绿，顶叶宽厚，抽穗整齐。田间管理的主要措施如下。

1. 清垄和追肥

谷子拔节后生长发育加快，当谷子长到 30 厘米高，正是谷子 3 ~4 层根生长的时候，为了减少养分、水分的无益消耗，为谷子生育良好创造一个好环境，为攻壮株创造条件，要认真进行一次清垄，彻底拔除杂草，弱、病、虫苗等，使谷苗生长整齐，苗脚清爽，通风透光，有利于谷苗生长。

谷子拔节前需肥较少，拔节后茎叶生长繁茂，植株进入旺盛生长期，幼穗开始分化。这时需要肥量最多。拔节至抽穗阶段吸收氮量占全生育期需肥量的66.17%，同期干物质的积累量占总量的57.96%。因此，只有植株吸收充足的氮素，才能使茎叶生长繁茂，制造较多的同化产物，为穗大粒多创造条件。

追肥时间的早晚，对植株生育影响很大。在拔节前追肥，虽对营养体生长发育有良好的促进作用，如果数量不够多，则是难以充分供应籽粒生长发育需要的营养物质，影响幼穗的分化，后期还容易引起脱肥，造成叶黄、穗直、早衰的长相，不能达到经济有效的施肥目的。如在抽穗期以后追肥，对植株营养体发育的效应很小，因为植株营养体生长定型，追肥只对促进植株后期生长发育有好处，只有减少秕谷，提高成粒数，增加粒重的效果。如果施用不当，还会引起贪青晚熟。通过试验，抽穗前不同时候追施氮肥，都可使穗粒数增加，但以枝梗分化期效果明显（表5－5）。

表5－5　不同追肥时期对谷子穗部性状的影响

项目	拔节	枝梗分化	小穗分化	四分子初期	四分子盛期	不施肥
穗粒数（粒）	4 465	4 800	4 346	4 200	3 793	2 795
千粒重（克）	3.2	3.5	3.46	3.46	3.4	3.25
秕粒率（%）	29.7	27.8	24.1	26.2	22.8	25.6
空壳率（%）	24.0	18.5	10.6	9.2	12.0	18.5

穗分化前期追肥，主要是充分供应枝梗分化时对养分的要求，使分枝增多，小穗增多，为谷子增产打下良好的基础。穗分化后期追肥的效果，在于促进小花的发育，减少秕粒壳，增加饱满粒。

生产实践证明，从拔节后穗分化开始，直到小穗分化的孕穗期都是追肥的适期。在中等肥力土壤上，如果种肥数量不足，追肥首先要保证壮株，进而促进幼穗分化。在无霜期短的地区，追肥还要防止贪青晚熟。追肥时期应适当提前，拔节后多施，孕穗时少施，这样既促进前期生长，又保证后期灌浆的养分需要。

北方地区大多结合中耕3遍时追施。在生产上以追施2次普遍。第一次在拔节期，每亩用尿素5～10千克；第二次在旗叶出现后开花前追施，每亩用尿素5千克。第二次追施用量以占追肥总量的1/3为宜。

磷肥以做基肥或种肥施用效果好，但在土壤中含磷少，选用高产晚熟品种和在种肥中磷肥不足的情况下，配合根外追施一定数量的磷肥，可以促进早熟，增加千粒重，提高产量。

谷子追肥，最好结合中耕进行，顺垄撒于行间，随即中耕被土壤覆盖，减少挥发，以提高肥效。如需浇水，先施肥再灌水，更能发挥肥效。

2. 中耕培土

谷子整个生育期内，中耕除草大致进行三四次。中耕要求“头遍浅，二遍深，三遍不伤根”。第一次中耕大多是结合间苗进行。第二次中耕一般是在清垄后追肥再中耕培土。谷子拔节后，气温升高，雨水增多，生长旺盛，此时期进行深锄，锄深7～8厘米，可以促进土壤微生物活动和有机质的分解转化，可多蓄雨水，有利于根系的生长。谷子主要产区都重视这次深锄，一般深度达到10厘米。群众认为，这次深中耕是“挖瘦根，长肥根，断浮根，扎深根”，促进根系发育。

第三次中耕于谷子孕穗期结合追肥灌水进行，一般只浅锄3～4厘米，不伤根，只锄草松土并高培土，以促进根层数和根量的增多，增强吸收肥水能力，防止后期倒伏，提高粒重，减少秕粒。

3. 浇灌

谷子拔节后生长旺盛，叶面积增大，对水分的需要迅速增加。谷子总的需水特点是：前期需水少耐旱，中期需水多怕旱，后期需水少怕涝。拔节到抽穗，土壤水分应不低于田间持水量的65%~75%。因此，进入拔节期后应根据土壤水分情况考虑浇灌。在谷子孕穗直到抽穗，对水分要求多，只要此时土壤稍有干旱，就要浇丰产水。

三、开花成熟期管理

开花成熟的高产谷子长相是“苗脚清爽，叶色黑绿，一绿到底，植株整齐，成熟时呈现绿叶黄谷穗，见叶不见穗”的丰产长相。田间管理的主攻方向是攻籽粒，重点是防止叶片早衰，促进光合产物向穗部籽粒转运和积累，减少秕粒，提高千粒重，保证及时成熟。具体措施如下。

1. 防旱、涝

在干旱高温的条件下，水分不足就会影响谷子的开花授粉，空壳增多。缺水时还要轻浇，使地面保持湿润即可。灌浆期如发生干旱，即“夹秋旱”，将严重影响光合作用的进行和光合产物的运转，粒重降低，秕粒增多。有条件灌水的，应进行轻浇或隔行浇，但不要淹灌，并要注意天气变化，低温时不浇，以免降低地温，影响灌浆成熟。有风天不浇，以防引起倒伏。

谷子开花后，根系生活力逐渐减弱。这时最怕雨涝积水。雨后应及时排除积水，浅中耕松土，改善土壤通气条件，有利于根系呼吸，促进灌浆成熟。

2. 防倒伏、防腾伤

谷子进入灌浆期穗部逐渐加重，如根系发育不良，下雨后土壤松软，刮风极易导致倒伏。谷子开花后20天左右，茎秆内淀粉几乎全部分解为糖向穗部输送，下部茎秆发脆，茎壁变薄，是谷子最易发生倒伏时期。防止倒伏，要选用高产抗倒伏的品种，加强田间管理。早间苗，蹲好苗，合理施肥灌溉，深中耕高培土。

腾伤又叫热伤，在平川地和窝风地容易发生，即谷子灌浆期茎叶骤然萎蔫逐渐呈灰白色干枯状，灌浆停止，有时还感染病害，造成谷子严重减产。谷子生长愈旺盛的地块，愈易发生。腾伤发生的原因比较复杂，但腾伤都是在土壤水分多，田间温度高，湿度大，通风透光不良的条件下发生的。目前，在生产上广泛采用防止腾伤的有效措施是：适当放宽行距，改善田间通风透光条件；高培土，以利于行间通风和排涝。天旱浇水在下午或晚上进行；在可能发生腾伤时，及时浅锄散墒，促进根系呼吸，也能减轻腾伤的为害。

3. 攻饱粒，防秕谷

一个中等大小的谷穗，有几千个小穗，但不是每个小穗都能结实。由于外界条件不适，小花发育到后期时雄蕊发育受到障碍，小花开花时没有授粉，子房不发育，都能成为空壳；有的虽已授粉，子房发育，但灌浆中途受到障碍停止灌浆而成为秕谷。这两种籽粒合起来通称秕谷。一般年份，秕谷率在 15% ~20% 以上，如果栽培措施不当，发生倒伏和病虫危害或遇上低温早霜年份，秕谷可高达 50% 以上。如能采取有效措施，使这一部分秕谷灌浆饱满，形成饱粒，谷子产量将会有一个大幅度提高。秕谷形成的原因是多方面的，与外界环境条件密切相关。如灌浆期旱、涝、雨后暴晒腾伤，开花期间阴雨，授粉不良，病虫为害，生育后期脱肥和倒伏都会增加秕谷，导致减产。此外，北方地区，如果谷子贪青晚熟，连续低温，下霜较早，秕谷就会大量增加，产量严重下降。

分析当地秕谷形成的原因，采取有效的防止措施，是提高谷子结实率，防止秕谷的主要途径。主要防止措施如下

（1）实行合理轮作，选用抗倒、抗病的优良品种，推广杂交品种和异地换种。

(2) 适期播种，使谷子孕穗期、抽穗期赶上雨季，减轻“胎里旱”“卡脖旱”“夹秋旱”的影响，有利于谷子灌浆成熟，减少秕谷。天气干旱要注意浇灌攻粒水。

(3) 合理密植，增施肥料，适时适量追肥，注意氮、磷、钾肥的配合，防止贪青返青，同时又要避免后期脱肥。巧蹲苗，培育壮苗，深中耕高培土，防止倒伏，及时防治病虫危害，都能减少秕谷数量，提高籽粒千粒重。

(4) 谷子在开花灌浆期根外喷磷，对促进早熟，减少秕谷，提高千粒重，有明显效果。生产上多采用400倍磷酸二氢钾溶液每亩100~150千克或用过磷酸钙200~300倍溶液每亩喷洒150~200千克。

四、病虫草害管理

种子处理是防治黑穗病、白发病、线虫病等种子萌发时侵染的病害及苗期害虫如地下害虫、粟鳞斑叶甲、拟地甲等的有效措施。根据发生病虫害种类可采用如下方法。

(一) 病害

1. 白发病

白发病是谷子的主要病害之一，最高年份发病率达40%，对产量造成极大损失。白发病属真菌性病害，田间表现的主要症状是：苗期灰背，叶片背面有灰白色霉状物；中后期表现叶肉破裂成发丝状，后期穗部表现看谷老，谷穗变成畸形，呈刺猬状。

(1) 白发病发病条件：谷子白发病是系统性侵染疾病，以土壤传播为主。白发病菌的卵孢子在土壤中可存活2~3年；卵孢子经过牲畜肠胃消化后仍可发芽危害。病菌发育的最适土温为20℃，最适相对湿度为60%。谷子一旦感染此病，一般情况下不结实，对产量影响极大。

(2) 白发病症状：谷子白发病在幼苗初期侵染，受害植株在不同生育时期呈现出不同特点的症状。一般表现为“灰背”“枪谷”“白发”和“看谷老”等特征；种子萌发后就严重感病的幼芽来不及出土就死亡；轻者可继续生长出土，高达6～10厘米时开始出现症状。

灰背　受害嫩叶黄绿色，叶片上呈现出与叶脉平行的黄白色条纹，叶片背面生有密集的灰白色霉状物。因而称为“灰背”。感病子叶变褐枯死。

枪杆　受害植株的子叶枯死后，新叶仍可抽出，并继续生长。新出生的叶片依次产生与叶脉平行的黄白色条纹和白色霉状物，但病株心叶不能展开，叶色深褐，直立在植株顶端，在田间较远处看去好似一杆枪，故称之为“枪杆”。

白发　出现枪谷现象后，心叶枯死，破裂成细丝，并散发出黄褐色粉末，最后残存下来的叶脉呈灰白色，卷曲如发状，因而称之为“白发”。

看谷老　大部分病株能抽穗，病穗上小花内外颖伸长卷曲成小卷叶状，全穗膨松，短而直立，呈刺猬状，称之为“看谷老”。病穗由绿色变为红褐色，最后破裂，散发出大量黄褐色粉末。

（3）传播途径：谷子白发病是系统性侵染疾病，有土壤、粪肥和种子三种传播方式，以土壤传播为主。该病发病的土壤适温为20℃，土壤相对湿度为50%，即半干土。发病温度范围为19～32℃，相对湿度为20%～80%。发病条件范围比较广泛，而且温湿度互相影响。当温度自20℃逐渐降低时，湿土较适于发病；温度自20℃逐渐升高时，干土较适于发病。不同品种的抗病性表现有差异。

（4）防治方法：

农业防治措施：实行合理化轮作倒茬（谷子白发病是以土壤传播为主的病害，实行两年以上的轮作，能有效减轻此病的发作。轮作的作物可选择经济类作物、薯类作物或杂粮等）；改进栽培技术（了解播种时的温度、湿度情况，实时晚播、浅播，覆土不宜过厚，促使幼苗快出土，早出土，减少病菌侵染的几率）；及时拔除病株（结合田间管理拔除灰背、枪杆等病株。拔除病株必须在孢子飞散前连根拔掉，并作烧毁或深埋处理）。

化学防治：种子处理（用35%甲霜灵可湿性粉剂按种子量的0.2%～0.3%拌种，防效在85%以上。方法是先用种子量1%的水拌湿种子，然后再将药剂均匀拌到种子上）；药土覆盖（如果土壤菌量过大，除拌种外，仍需要覆盖药土，即每亩用75%敌克松可溶性粉剂500克，掺细土15～20千克，播种后沟施盖种，能长期保护幼苗不受侵害）。

2. 黑穗病

（1）分布与为害：我国各谷子产区都有发生，东北、华北地区较多。由谷子黑粉菌侵染所引起。一般发病率为5%～10%，个别田块高达45%，减产较大。

（2）发病规律：病原菌以冬孢子附着在种子表面上越冬。来年带菌种子播种萌芽后，冬孢子也萌发侵入幼芽，随植株生长侵入子房内，形成黑粉。冬孢子在土温12～25℃均可萌发侵染。

（3）侵染过程：

粒黑穗病　系统侵染病害，从病穗里分散出来的粘附于种子表面的冬孢子，成为翌年发病的主要侵染源。春季播种未经消毒的带菌种子后，萌芽的冬孢子便从谷子幼苗的胚芽鞘部位侵入幼苗，并随着生长点向上生长，进而到达分化的花序里，最后侵入幼嫩的子房里，破坏子房，形成大量的冬孢子，使谷穗变为黑穗，完成侵染发病过程。

腥黑穗病和轴黑穗病　非系统侵染病害，不经种子和土壤传播，于谷子开花时从花器侵染子房，当年侵染发病。谷子开花期雨量较多年份发病率高，干燥年份发病率低。诱发病害的环境因子是谷子开花期的日照时数及相对湿度。日照时数少和相对湿度大时会延长开花期，增加病菌的侵染机会，发病率就高。

（4）症状：在抽穗前一般不显症状。抽穗后不久，穗上出现子房肿大成椭圆形、较健粒略大的菌瘿，外包一层黄白色薄膜，内含大量黑粉，即病原菌冬孢子。膜较坚实，不易破裂，通常全穗子房都发病，少数部分子房发病，病穗较轻，在田间病穗多直立不下垂。

（5）防治方法：种植抗病品种；药剂防治（用25%五氯硝基苯可湿性粉剂，或15%粉锈宁可湿性粉剂，或50%多菌灵可湿性粉剂等，均按种子重量0.2%～0.3%药量拌种处理）。

3. 红叶病

谷子红叶病又称红缨病、红毛病。红叶病是病毒性病害，它以玉米蚜为媒介进行传播，危害株率2%～14%，苗期干旱时更为严重。谷子红叶病是病毒引起的病害。这种病毒不能通过种子、土壤传播，也不易接触传播。传毒介质是玉米蚜、高粱蚜、麦二叉蚜，其中以玉米蚜传毒力最强。冬春气温高时，有利于蚜虫发生和繁殖，田边杂草多，毒源基数大，红叶病发生严重。反之，气温低，蚜虫和毒源少，病害就轻。

谷子红叶病是由蚜虫和谷子小缘椿象等害虫传播的病毒病，蚜虫在病株上吸食后，就能携带病毒传病。初侵染源是以有翅蚜从其他越冬寄主上吸入的病毒传播为害的。一般早播谷子田发生重，迟播发生轻。

（1）主要症状：植株感病后，谷苗生长矮小、瘦弱，当苗高15厘米时，开始显症。由下部叶尖沿着叶缘或中脉向茎部发展，叶色由浅而深。病重的植株及早枯死。病株除变色外，还出现叶面皱缩，叶片边缘呈波浪状，上部叶片直立等畸形。谷子红叶病可分为黄叶型和红叶型两种症状。受害谷穗呈红色，不结实，或有少见的秆粒，向阳的一面穗颖和刺毛变为紫红色。叶片变红一般由叶尖开始，向茎部蔓延，叶面两侧表现红化和长条纹状，最后整个叶片变红、干枯。大面积受害严重地块，造成40%以上减产。

（2）防治方法：

农业措施：因地制宜选用抗病品种；清除田边杂草，中耕锄草消灭杂草寄主，减少病毒来源；合理施肥，增强植株抗性；加强栽培管理，增施肥料，合理灌溉，促进植株健壮生长，提高抗病力。

药剂处理：灭蚜预防，用40%乐果1 500倍防蚜或用50%抗蚜威可湿性粉剂，每亩7～8克，或40%氧化乐果乳油50毫升，加水50～60千克叶面喷雾；或用0.4%左右高锰酸钾溶液浸种。

4. 纹枯病

（1）主要症状：该病重病区发病株率高达70%，一般10%～50%，主要为害茎部叶鞘。初期在近地面叶鞘上产生近圆形或不规则形褐色与灰白色相间的云纹状病斑。有时病斑融合形成较大的云纹形斑，边缘暗褐色，中间浅褐色。轻者能恢复，重者茎基部1～2节死亡，并在病斑上产生颗粒状小菌核。该病也可蔓延到顶部，并对叶片造成为害。发病严重的地块影响灌浆，严重的病株枯死。

（2）发生规律：该病害发病程度与环境、温湿度关系密切，当7月的平均气温比常年较高时，病害一般发生早，当9月的气温下降时，病害逐渐停止发展；在气候比较干燥的地区，该病发生呈现暴发性；再就是氮肥施用过多，播种密度过大，均有利于病害发生。

（3）防治方法：

农业防治：一是选用抗病品种，虽然在谷子品种资源中，免疫类型很少，但品种间存在着明显的抗病性差异，所以，选用抗病性较强的品种是上策；二是在栽培管理上，要及时清除田间病残体，减少侵染源，主要包括根茬的清理和深翻土地；三是适期晚播，以缩短侵染和发病时间；四是合理密植，铲除杂草，改善田间通风透光条件，降低田间湿度；五是科学施肥，多施用有机肥，合理施用氮肥，增施磷、钾肥，改善土壤微生物的菌群结构，增强植株的抵抗能力。

药剂防治：一是药剂拌种，用2.5%适乐时（咯菌腈）悬浮剂按种子量0.1%拌种，减轻为害程度；二是田间防治，用50%可湿性纹枯灵对水400～500倍或用5%井冈霉素600倍，于7月下旬或8月上旬，当病株率达到5%～10%时，在谷子茎基部彻底喷雾防治一次，1周后防治第二次，效果较好，现在，有较多的科研单位，正在筛选生物农药进行防治，既能防病，又能避免农业污染，这是今后防治纹枯病的重点发展方向。

5. 线虫病

是检疫性病害，要灭除夏谷线虫病必须以“预防为主”，采取综合防治的措施，根据生产实践，连续3年采取综合防治措施，可消除线虫病的为害。

（1）主要症状：“倒青”是谷子线虫病的俗称，是由病源线虫侵染导致的病害，虽不经常发生，但一旦发病为害较重，重病地块可减产50%～80%，甚至绝收。造成谷子线虫病发生的原因是多方面的，与品种、气候、土壤、施用的农家肥、播种期和种源均有关。不同的谷子品种对线虫病抗性不同；染病的种子落入田间，几年内仍能造成为害；用染病的谷穗饲喂牲畜，虽经肠道消化，但不能杀死线虫，牲畜的粪便施入田间仍会导致线虫病发生；使用感染线虫病的种源且不进行种子处理也是导致线虫病发生的重要原因。

（2）防治方法：防止谷子线虫病发生的重要方法是种子处理，用50%辛硫磷乳油按种子量0.1%拌种，闷种4小时，晾干。或最好购买用谷子专用包衣剂包衣的谷种。此外，合理安排种植结构，尽可能避免谷子重茬。在发生谷子线虫病的地块，要在谷子成熟前将病株及其周围一米内的植株焚烧或深埋，以防止线虫病蔓延。

6. 锈病

（1）主要症状：谷子抽穗初期，在叶片两面，特别是背面产生红褐色、圆形或椭圆形约1毫米的斑点，即夏孢子堆，散生或排列成行。开始在叶片表皮下面，随着产生夏孢子的增多，表皮破裂，散出黄褐色粉状孢子。叶片上通常有很多孢子堆，最后能使叶片枯死。锈病的后期在叶片和叶鞘上散生大量灰黑色小点，即冬孢子堆，在寄主表皮下约1毫米，散生或聚生，呈长圆形或圆形。

（2）防治方法：选用抗病品种；清除田间病残体，施用腐熟的农家肥和牲畜粪肥，及时除草使谷田通风透光，降低田间湿度等；化学防治用15%的粉锈宁可湿性粉剂600倍液进行第一次喷药，隔7～10天后酌情进行第二次喷药。

（二）虫害

1. 蝼蛄

蝼蛄是咬食作物根茎部的多食性地下害虫。成虫、若虫均在土中活动，取食播下的玉米、谷子等种子、幼芽或将幼苗咬断致死，受害的根部呈乱麻状。由于蝼蛄的活动将表土层窜成许多隧道，使苗根脱离土壤，致使幼苗因失水而枯死，严重时造成缺苗断垄，或将根茎扒成乱麻状，造成植株死亡或发育不良。华北蝼蛄分布于北方各省、自治区，东方蝼蛄在全国各地均有发生，以黄河以南密度大，在长江以北与华北蝼蛄交替发生。

（1）生活习性：两种蝼蛄在1年中的活动规律相似，即当春天气温达8℃时开始活动，秋季低于8℃时则停止活动；春季随气温上升为害逐渐加重，地温升至10～13℃ 时在地表下形成长条隧道为害幼苗；地温升至20℃ 以上时则活动频繁、进入交尾产卵期；

地温降至 25℃ 以下时成虫、若虫开始大量取食积累营养准备越冬，秋播作物受害严重 。土壤中大量施用未腐熟的厩肥、堆肥，易导致蝼蛄发生，受害较重。当 深 10 ~ 20 厘米 处 土温在 16 ~ 20℃ 、含水量 22 ~ 27% 时，有利于蝼蛄活动；所以春、秋有两个为害高峰，在雨后和灌溉后常使为害加重。

（2）防治方法：播前药剂处理土壤或药剂处理种子（可用辛硫磷拌种）；播种后出苗以前施用毒饵，50% 辛硫磷或 40% 毒死蜱乳油 100 毫升对水 500 毫升拌炒熟的谷子 5 千克晾干，于傍晚撒入地表。

2. 钻心虫

钻心虫分为玉米螟和粟灰螟两种。

玉米螟　头为黑色或棕黑色，体背浅灰褐或淡红褐色，中央有纵线 3 条，以在平川为害为主。是多食性害虫，寄主植物达 200 多种。但主要为害玉米、高粱、谷子等。初龄幼虫将嫩叶蛀食成排孔状花叶，3 龄以后蛀入茎秆。

粟灰螟　幼虫背部有明显的茶褐色纵纹 5 条。以山区为害为主，食性较单纯，主要为害粟，以幼虫钻蛀谷子茎秆为害，苗期受害形成枯心苗，穗期被害植株易倒折而形成白穗。也为害糜、玉米、高粱，幼虫钻茎为害，受害植株营养及水分输导受阻，长势衰弱，茎秆易折，穗部发育不良，影响结实。在谷子生长前期造成枯心苗。

（1）生活习性和发生规律：

玉米螟　成虫大多在夜间活动，有强烈性诱表现和趋光性。成虫产卵对植株高度有选择性，高大茂密的谷类、玉米田块玉米螟产卵多，受害严重；幼虫趋糖、趋湿、趋温习性，共 5 龄，3 龄前多在叶丛、玉米雄穗苞、雌穗顶端花丝及叶腋等处为害，4 龄后就钻蛀为害。玉米螟成虫趋光，飞行力强，卵多产在叶背中脉附近，幼虫经过几次蜕皮，老熟后在被害部位附近化蛹。

粟灰螟　在我省大部分地区一年发生2~3代，以老熟幼虫在谷茬或茎秆中越冬，春季化蛹羽化。一般6月中旬为成虫盛发期，随后进入产卵盛期，第一代幼虫6月中下旬为害。8月中旬至9月上旬进入第二代幼虫为害期。成虫白天躲藏在谷苗或玉米植株的茎叶中间，夜晚活动产卵，卵产在叶片背面。初孵幼虫在植株上或地面爬行，后侵入茎基部叶鞘中蛀食，3龄后能转株为害，老熟后在茎里化蛹。玉米或谷子春季播种早，温度适宜，雨水多，湿度大，则有利于粟灰螟严重发生。

（2）防治方法：

农业防治：处理谷茬（在秋天用犁杖或破茬机将田间的根茬全部挑出或破坏，使之暴露于地表，经一冬之后，即可冻死。翌年5月之前拾净田间遗留谷茬，集中烧毁或深埋处理。这样大大降低了粟灰螟的越冬基数）；拔心枯苗（根据粟灰螟幼虫有转株为害及发生的特点，在发现幼虫蛀茎后及时拔除枯心苗，带出田外集中深埋沤肥或晒干烧毁，进一步压低一代幼虫的转株为害和二代发生基数）；适期播种（错过粟灰螟的喜产卵的谷苗高度，可明显降低枯心苗率）。

物理防治：用黑光灯诱杀，棋盘状排列，每3公顷放置一盏。

药剂防治：因为粟灰螟是钻蛀性害虫，在进行药剂防治时，必须抓住有利时机，即当幼虫尚未蛀茎以前施药才能有效，否则蛀茎之后就无法防治。据观察，粟灰螟幼虫经分散、转移、到蛀茎的时期只有3~4天，可见防治的时间较短。在防治策略方面，当田间发现第一块卵块时，后推6~10天则为田间第一代幼虫防治时间。也可在谷田发现千茎苗有卵2~5块时，应立即防治。第二代幼虫的防治时期，在化蛹盛期后7~10天，即可达到羽化和产卵盛期。用每毫升100亿活芽孢苏云金杆菌（Bt）生物农药500倍液喷雾；90%敌百虫晶体500~700倍液喷雾；2.5%溴氰菊酯乳油2 500倍液喷雾；21%灭杀毙2 500倍液喷雾。这些药剂的防效均在85%以上。需要强调的是，粟灰螟幼虫防治一定要在幼虫蛀茎前，所以，粟灰螟的药剂防治一定要根据虫情预报，及时防治，才能收到较好的效果。

3. 粟叶甲

属鞘翅目，叶甲科。粟叶甲是一种严重为害谷子、糜子等大秋作物的害虫，成、幼虫均为害。成虫沿叶脉啃食叶肉，成白条状，不食下表皮；幼虫钻入心叶内取食叶肉，叶面出现白条状食痕，造成叶面枯焦，出现枯心苗，俗称“白焦虫”。

（1）生活习性：北方年发生1代，以成虫潜伏在谷茬、田埂裂缝、枯草叶下或杂草根际及土内越冬。翌年5～6月成虫飞出活动，食害谷叶或交尾，中午尤为活跃，有假死性和趋光性。6月上旬进入产卵盛期，把卵散产在1～6片谷叶的背面，3～4片叶最多，卵期7～10天。初孵幼虫常聚集在一起啃食叶肉，有的身负粪便，幼虫共4龄，历期20多天，老熟后爬至土中1～2厘米处作茧化蛹，茧外粘有细土，似土茧，蛹期16～21天。羽化出来的成虫于9月上中旬陆续进入越冬状态。干旱少雨的年份或干旱年份的淤土地或雨涝年份的旱坡地易受害，早播春谷较迟播谷、重茬地较轮作地受害重。

（2）为害特点：以成虫和幼虫在谷子苗期至心叶期为害叶片。成虫为害谷子嫩叶时沿叶脉咬食叶肉组织，留下表皮，形成白色平行线条纹的为害状。幼虫为害期约30天左右，潜入心叶或近心叶的叶鞘内取食叶表的叶肉组织，从叶尖向叶基扩展残留叶脉，呈条纹状，造成叶片发白枯焦，以后破裂成丝状，受害严重时，造成枯心、烂叶或整株枯死。

（3）防治方法：

农业防治：合理轮作，避免重茬，秋耕整地，清除田间地边杂草，适时播种。

化学防治：播种前用吡虫啉颗粒剂处理土壤，谷子出苗后3～4叶或定苗前，喷洒4.5%高效氯氰菊酯乳油3 000倍液，或5%氰戊菊酯（来福灵）乳油2 000倍液，或48%毒死蜱乳油1 000倍液，或2.5%氯氟氰菊酯（功夫）乳油1 500～2 000倍液，或10%吡虫啉可湿性粉剂1 000～1 200倍液喷雾，于无风天的早晚喷施谷苗新叶内。

4. 黏虫

是一种粟类等禾本科作物的主要害虫。黏虫在我国是一种南北迁飞间歇性猖獗的害虫。以幼虫取食麦、谷子叶片，能大部或全部将叶片吃光，影响植株的生长发育；在麦、谷子抽穗后则咬断小穗，落粒满田，造成减产或无收。

（1）形态特征：成虫体长17～20毫米，体翅黄褐色。卵初产时乳白色，孵化前呈黑褐色，表面有网状脊纹。老熟幼虫体长36～40毫米，体色变化较大，一般为黄褐色或墨绿色。头部黄褐色，头部中央有黑褐色八字纹，体背有纵纹多条，亚背线内侧各节具黑斑，气门线通过全部气门，气门过滤器黑色。初蛹红褐色，第5～7腹节背面前缘有由粗大刻点组成的横纹。

（2）生活习性：黏虫无滞育现象，只要条件适宜，可连续繁殖。在山西省一年大约发生3代。第1代发生在5月上中旬，主要为害小麦。第2代幼虫数量少，为害较轻。第3代幼虫发生在7月底至8月上中旬，主要为害谷子、玉米等作物，造成严重减产。成虫昼伏，夜出取食、交配、产卵。成虫喜欢有酸甜味的东西，吸食各种植物的花蜜，也吸食蚜虫、介壳虫的蜜露、腐果汁液。对糖、酒、醋有趋向性。喜产卵于干枯苗叶的尖部，具有成群迁飞性，幼虫有假死性。气候条件对黏虫的发生数量影响很大，特别是温湿度及风的影响。成虫产卵适温为15～30℃，高于30℃或低于15℃成虫产卵数量减少或不能产卵。风也是影响黏虫数量的重要因素，迁飞的黏虫遇风雨，迫其降落，则当地的黏虫为害就重。黏虫抗寒冷能力很低，在0℃条件下，各虫态30～40天后即死亡，所以黏虫在南方生存过冬。

（3）症状：黏虫的幼虫裸露在植物的表面取食为害。1～2龄幼虫多隐藏在作物心叶或叶鞘中昼夜取食，但食量很小，啃食叶肉残留表皮，造成半透明的小条斑。3龄以前食量较小，4龄后食量猛增，5～6龄幼虫为暴食阶段，蚕食叶片，啃食穗轴。

（4）防治措施：防治黏虫的关键措施是做好预测预报，防治幼虫于3龄以前。具体措施如下：

诱杀成虫：利用成虫产卵前需补充营养、容易诱杀的特点，以糖醋液诱杀成虫。具体配法是用糖1份、酒1份、醋3份、水10份，并加0.1%的晶体敌百虫，夜晚诱杀。在成虫产卵盛期，在田间插洒有糖醋液的小谷草把，1亩7～8个，3天更换1次，连续3～4次采卵，把诱到的卵集中处理。

药剂防治：a. 喷雾防治（50%辛硫磷3 000倍液、20%速灭丁3 000倍液、敌百虫1 000～1 500倍液、50%杀螟松乳油1 000～2 000倍液、25%溴氰菊酯1 500～2 000倍液喷雾，每亩喷洒稀释液60～75千克）。b. 喷粉或毒土防治（2.5%敌百虫粉剂，5%马拉松粉剂，2%杀螟腈粉，或0.04%除虫精粉剂，每亩喷1.5～2.5千克，也可每亩2～2.5千克以上粉剂混细土20～25千克配成毒土，顺垄撒施，效果也很好）。

5. 粟芒蝇

（1）形态特征：属双翅目，花蝇科，又名毛芒蝇、粟秆蝇等，是谷子主要钻蛀性害虫之一。

（2）症状：粟芒蝇对谷子不同为害时期表现症状各不相同。拔节期前后钻蛀为害，表现症状为心叶萎蔫枯死，不能抽穗，即枯心苗，被害株无产量；距抽穗10天左右钻蛀为害，表现症状为初期心叶萎蔫，抽穗后表现为不完整穗，即畸形穗，被害株减产率在70%以上；近抽穗期为害，表现症状为抽出的谷穗基部断掉而死，即白穗，被害株无产量。

（3）防治方法：用5%普尊悬浮剂3 000～4 000倍液；4.5%高效氯氰菊酯乳油1 000倍液；0.5%藜芦碱可溶性液剂500～800倍液喷雾防治。防治一次后如干旱少雨不必进行第二次防治，如阴雨连绵，在第一次喷药后10～15天再进行第二次喷药防治。

6. 粟灰螟

（1）形态特征：粟灰螟属鳞翅目，螟娥科。别名甘蔗二点螟、二点螟、谷子钻心虫等。成虫体长8.5～10毫米，翅展18～25毫米，雄蛾体淡黄褐色，额圆形不突向前方，无单眼，下唇须浅褐色，胸部暗黄色；前翅浅黄褐色杂有黑褐色鳞片，中室顶端及中室里各具小黑斑1个，有时只见1个，外缘生7个小黑点成一列；后翅灰白色，外缘浅褐色。雌蛾色较浅，前翅无小黑点。卵长0.8毫米，扁椭圆形，表面生网状纹。初白色，孵化前灰黑色。末龄幼虫体长15～23毫米，头红褐色或黑褐色，胸部黄白色，体背具紫褐色纵线5条，中线略细。蛹长12～14毫米，腹部5～7节周围有数条褐色突起，第7节后瘦削，末端平。初蛹乳白色，羽化前变成深褐色。

（2）生活习性：长江以北年生2～3代，以老熟幼虫在谷茬内或谷草、玉米茬及玉米秆里越冬。内蒙古、东北及西北幼虫于5月下旬化蛹，6月初羽化，一般6月中旬为成虫盛发期，随后进入产卵盛期，第一代幼虫6月中下旬为害。8月中旬至9月上旬进入第二代幼虫为害期。华北地区和安徽淮北越冬幼虫于4月下旬至5月初气温18℃左右时化蛹；5月下旬成虫盛发，5月下旬至6月初进入产卵盛期，5月下旬至6月中旬为一代幼虫为害盛期，7月中下旬为二代幼虫为害期。三代产卵盛期为7月下旬，幼虫为害期8月中旬至9月上旬，以老熟幼虫越冬。成虫昼伏夜出，傍晚活动，交尾后，把卵产在谷叶背面，每雌产卵约

200粒，卵期2～5天，初孵幼虫爬至茎基部从叶鞘缝隙钻孔蛀入茎里为害，完成上述过程需时1～3天。幼虫共5龄，除越冬幼虫历期较长外，一般19～28天。低龄幼虫喜群集，3龄后开始分散。在茎内为害15天左右。4龄后开始转株为害，每只幼虫常为害2～3株，老熟后化蛹在茎里。该虫发生程度取决于越冬基数和气候条件，越冬后的幼虫遇有雨量多、湿度大有利于其化蛹、羽化及产卵。

（3）防治方法：

农业防治：推广抗虫品种；秋耕时，拾净谷茬、黍茬等，集中深埋或烧毁，谷草须在4月底以前铡碎或堆垛封泥，以减少越冬虫源。播种期可因地制宜，设法使苗期避开成虫羽化产卵盛期，可减轻受害。

药剂防治：在孵化盛期至幼虫蛀茎前。用辛硫磷颗粒剂1千克，拌细土20千克制成毒土，撒在谷苗根际，形成药带，效果较好。

7. 粟茎跳甲

（1）形态特征：成虫呈椭圆形，体长2.6～3毫米，体宽1.2～1.8毫米。雌体较雄体肥大，体黑色，有强烈赤金反光，体蓝绿，有强烈蓝色反光。幼虫体长6毫米，宽1毫米，体呈圆筒形，胴部白色，体面有大小不同的褐色椭圆形斑点，足黑褐色，头黑色。

（2）习性：成虫能跳会飞，跳起落地常翻身假死，以每日上午9时至下午4时最活跃，中午烈日或阴雨天，多潜伏于叶片背阴处，心叶中或土块下，成虫咬食叶面呈不规则纵条纹，严重的造成叶片枯萎或折断。幼虫孵化后，沿地面或叶基爬行，由谷茎接近地面部位咬小孔钻入。一般一株有虫1～2头，多者可达十余头。幼虫蛀入谷茎内，3日后植株萎蔫出现空心。以苗高6～7厘米幼苗受害较重，40厘米以上谷苗不再发现枯心。幼虫有转株为害习性，1头幼虫为害谷苗3~4株。早期蛀入，破坏生长点，使植株矮化，叶片丛生，不能抽穗结实；后期侵入，植株虽能继续生长，但有的叶片卷曲破烂或穗部畸形。

（3）为害特点：是谷子幼苗期主要害虫之一。除为害谷子、糜子外，还为害玉米、高粱、小麦等禾本科作物以及狗尾草、稗子等杂草。粟茎跳甲幼虫和成虫均为害刚出土的幼苗。幼虫由茎基部咬孔钻入，枯心致死。当幼苗较高，表皮组织变硬时，便爬到顶心内部，取食嫩叶。顶心被吃掉，不能正常生长，形成丛生。成虫为害，则取食幼苗叶子的表皮组织，吃成条纹、白色透明，甚至干枯死掉。发生严重年份，常造成缺苗断垄，甚至毁种。

（4）防治方法：

农业防治：清洁田园，清除杂草、残茬等越冬潜藏地，减少来春虫源；根据虫情，调整播种期，适当晚播，躲过成虫盛发期，实行轮作，避免连作；结合疏苗、定苗拔除并烧毁枯心苗。

药剂防治：在产卵盛期前用4.5%溴氰菊酯粉或1.5%乐果粉进行喷粉，每亩1.5~2千克；在粟跳甲为害盛期，用2.5%溴氰菊酯乳油3 000倍液，或5%氯氰菊酯乳油2 500倍液喷洒叶面。

8. 粟鳞斑叶甲

（1）形态特征：成虫椭圆形，灰褐色有铜色光泽的小甲虫，体长2~3毫米，头向下伸被前胸背板掩盖，身体和翅鞘布满细小点刻有淡绿和白色鳞片。卵椭圆形，长0.5~0.6毫米，淡黄色，表面有光泽。老熟幼虫5毫米左右，乳白色，头部黄褐色，身体略弯曲。裸蛹，初蛹白色后变灰黄色。

（2）发病特点：粟鳞斑叶甲在东北及山西等地每年发生1

代，华北地区 1 ~2 代。以成虫在田边、土块缝隙及杂草丛中越冬，东北 l 代区，越冬成虫 4 月中下旬开始活动，5 月上中旬为出土盛期，此时也是田间为害盛期，7 月上旬至 8 月下旬为幼虫期；7 月下旬至 9 月上旬化蛹，同时出现成虫，9 月下旬后成虫陆续越冬。华北地区越冬代成虫 2 月下旬即开始活动为害，4 月下旬至 5 月上旬成虫盛发并进入为害高峰。7 月上旬至 8 月中下旬为第 2 代幼虫发生期，8 月下旬至 9 月上旬陆续化蛹羽化，10 月下旬开始越冬，有的第 1 代成虫直接越冬。粟鳞斑叶甲寿命较长，可达 8 个月之久，产卵期可延续三个多月，故田间世代发生不整齐。一般越冬代成虫出土时，谷子尚未出苗即在小蓟及苍耳上取食。当谷子萌芽出土时，大量迁入谷田，咬断谷苗生长点，使谷苗不能出土或刚刚出土而死亡。当真叶现绿时，由茎基齐土咬断，受害较重。成虫卵多产在苗根附近 1 ~2 厘米的土层，每头雌虫可产卵 140 多粒。幼虫在地下 4 ~6 厘米处食害幼根，但为害不重。幼虫约一个月老熟，然后在地下 4 ~5 厘米处做土室化蛹，蛹期 7 天左右。成虫食性很杂，并喜在枯枝落叶及杂草丛下越冬。粟鳞斑叶甲喜干旱，因而干旱少雨的气候条件常造成其大发生。一般坡地比平地发生重，旱田比灌区重，沙壤地比黏土地重。

（3）为害特点：粟鳞斑叶甲成虫、幼虫均可为害，以成虫为害最烈。成虫在谷子发芽出土前后咬断顶心和茎基部，使全株枯死，造成缺苗断垄，重者全田毁种。

（4）防治方法

农业防治：加强田间管理，铲除杂草，灌溉保墒，降低虫口密度。

化学防治：可用 40% 乐果或 50% 辛硫磷乳油 0.5 千克，对水 20 千克，拌种子 200 ~300 千克，拌匀后堆闷，晾干后播种。

9. 双斑长跗萤叶甲

（1）形态特征：成虫，体长3.6～4.8毫米，宽2～2.5毫米，长卵形，棕黄色，具光泽，触角11节丝状，端部色黑，长为体长2/3；复眼大，卵圆形；前胸背板宽大于长，表面隆起，密布很多细小刻点；小盾片黑色呈三角形；鞘翅布有线状细刻点，每个鞘翅基半部具1近圆形淡色斑，四周黑色，淡色斑后外侧多不完全封闭，其后面黑色带纹向后突伸成角状，有些个体黑带纹不清或消失。两翅后端合为圆形，后足胫节端部具1长刺；腹管外露；卵椭圆形，长0.6毫米，初棕黄色，表面具网状纹；幼虫，体长5～6毫米，白色至黄白色，体表具瘤和刚毛，前胸背板颜色较深；蛹，长2.8～3.5毫米，宽2毫米，白色，表面具刚毛。

（2）发生规律：河北、山西1年生1代，以卵在表土下越冬，翌年5月上中旬孵化，幼虫一直生活在土中食害禾本科作物或杂草的根，经30～40天在土中作土室化蛹。蛹期7～10天，初羽化的成虫在地边杂草上生活，然后迁入谷田，7月上旬开始增多，8月下旬至9月上旬进入成虫发生高峰期。成虫于8月中下旬羽化后经取食补充营养才交尾，产卵期20多天，9月上旬进入交尾产卵盛期，9月下旬谷子成熟期，迁入菜田。成虫能飞善跳，白天在谷叶和穗部活动，受惊迅速跳跃或起飞，飞行距离3～5米或更远，喜在9～11时和16～19时飞翔或取食，无风天尤其活跃，早晚或中午藏在叶子背面、穗码间或土缝内及枯叶下，多在10时、17时交尾，历时30分钟，卵散产或几粒粘在一起产在表土中。春季湿润、秋季干旱年份发生重。

（3）防治方法：

农业防治：及时铲除田边、地埂、渠边杂草，秋季深翻灭卵，均可减轻为害。

化学防治：在成虫盛发期，产卵之前及时喷洒20%速灭杀丁乳油2 000倍液，可有效地控制其对谷穗的为害；发生严重的谷田可喷洒50%辛硫磷乳油1 500倍液，每亩喷对好的药液50升；干旱地区可选用2%巴丹粉剂，每亩用药2千克。

（三）草害

人类自从有了农业，便没停止过与杂草的斗争，努力控制杂草的为害。谷田杂草为害是影响产量的重要因素之一，人工除草费工费时，劳动强度大，在连续的阴雨天气条件下，极易造成草荒影响产量。

目前，大宗粮食作物基本上都实现了化学除草，而谷子生产仍以传统人工除草为主，效益低、效果差，且劳动强度大，落后的除草方式严重制约着谷子产业的可持续发展，因此，化学除草就成为谷子生产的必然选择。

目前有“削阔”（乙羧氟草醚）、2,4－D丁酯除草剂对谷田双子叶杂草有防除效果，但对单子叶杂草无效。谷友、掉草净、扑灭津等要在谷子出苗前使用。

（1）“削阔”（乙羧氟草醚）：在谷子株高30厘米左右时喷施“削阔”乳剂225毫升/公顷，药后7天对马齿苋、反枝苋的防效分别为94.64%、90.18%、总防效为93.30%；药后15天，对马齿苋、反枝苋的防效分别为94.38%、95.69%，总防效为94.72%；药后30天，对马齿苋、反枝苋的防效分别为92.52%、96.09%，总防效为93.54%；且用量越大，除草效果越好，且对谷子安全，对产量无明显影响，是较理想的苗后阔叶除草剂，较为经济的使用量为450毫升/公顷。应用本药剂时，应注意选择在杂草幼龄期、杂草生长旺盛时施用，以降低使用浓度，减少对谷子生长不良影响。不同谷子品种、不同生育时期的耐药性可能不尽相同，对于不同品种以及不同生育时期的使用技术还需进行进一步探讨。

（2）2,4－D 丁酯：在谷子株高 10～20 厘米（四叶一心）时喷施 70% 2,4－D 丁酯 50 克/亩，对以马泡为优势杂草的谷田防效较好，重量防效为 80.5%、数量防效为 77.85%。对以马齿苋、苋菜、钱苋以 70%2,4－D 丁酯 30 克/亩效果较好。

（3）谷子播种前或苗前可采用全田封闭的除草剂，如谷友、扑草净等。

五、收获

及时收获是保证丰产的重要环节。过早割倒，影响籽粒饱满，招致减产。收获太晚，增加落粒损失，遇大风，落粒减产更为严重；遇上阴雨天，籽粒还会在穗上发芽，影响产量和品质。因此，当麸皮变为品种固有的色泽，籽粒变硬，成熟“断青”，就要及时收获，不论茎叶青绿都要割倒。因为茎叶颜色和品种特性、播种早晚、施肥水平、土壤条件有关。肥地颜色变黄晚；早播、薄地变黄早。

第九节　夏谷的栽培

随着水肥条件不断改善，复种指数不断提高，夏谷面积在华北平原、辽东半岛及陕北黄河沿岸，近年来都在迅速扩大。

夏谷在无霜期 140 天以上、水利条件较好、人多地少的地区是冬油菜、冬小麦或其他作物的良好复播作物，对增加粮食总产量和提供牲畜饲草具有重要作用。

夏谷生长期大致为 70～90 天，因品种不同有所差异。地温一般在 25℃左右，在合适的水分条件下，播种后一天萌动，三天出土，以后每隔 2～3 天长一片叶子。夏谷苗期正处在高温季节，长根速度比地上部分慢。夏谷从出苗到抽穗，一般只需要一个半月左右，茎秆生长很快，由于夏谷幼穗分化正处在日照较短，气温又高的季节，所以，进行的早而且快。这些情况构成了夏谷栽培管理要掌握一切从早出发的特点。

1. 整地、施肥、灌水

华北地区中南部，无霜期较长，麦收灭茬后，要施腐熟厩肥混合磷素化肥，整平地后播种。播后镇压，以防出苗遇雨灌耳或土壤自然下沉吊根。在生长期较短的地区，为了争取早播，则不耕地，耙地后播种或不耙地直接插耧播种。

2. 播种

选用在霜前能成熟的丰产性好的品种。力争早播，因为前作收获到早霜来临不过 100 天，有的地方还不足 100 天，播种晚了，生育期短，影响产量或遇早霜减产，而且晚播正逢雨季，容易造成灌耳，导致缺苗。为了保证夏谷早播，宜选择早腾茬的前作，并于前作收获后争取早施肥、早浇水、早耕地，或采取移栽套种办法，使夏谷播期提前，延长生育期，为高产创造条件。由于夏谷播种比春谷晚，生育期短，植株比春谷低，叶面小，穗小，所以夏谷种植密度较春谷要大。

夏谷种植密度每亩 4 万 ~6 万株，个别品种可达 8 万 ~ 12 万株，一般比当地春谷种植密度要大 1 ~3 倍比较适宜。

生产上常采用单株匀留的方式，播种常用耧播，但也有开沟壕种或大垄宽幅开沟种植（又名“沟谷”），用联合沟播器或步犁开沟。开沟时，按一沟一背，一沟翻两犁或一犁，播后覆土。墒情不好，可在沟内浇小水。出苗后采取调角留苗。这些种植方法和留苗方法，都是为了适应夏谷种植密度大且使行间通风和均匀使用地力。沟谷由于培土成垄还具有根发育好，生活力强、防倒伏、防涝害和密植壮苗的作用。

3. 管理

夏谷出土后，生长发育迅速，各生育阶段挨得很紧，种植密度大，而且又处在高温多雨季节，所以，管理措施以促为主，及早进行。

当“猫耳叶”长成时，进行一次镇压，对促根防倒、保苗壮苗有很好效果。3～4叶期间苗、定苗，以防荒苗。间苗后浅中耕，以防草荒，并追施速效氮肥，拔节后结合中耕追施速效氮肥，孕穗期中耕培土。水是夏谷增产的重要因素，但夏谷生长期间正逢雨季，因此浇水要看降雨情况。一般苗期不用浇水，孕穗和抽穗前要保证水分供应，灌浆以后如无雨，要浇小水。

夏谷生长期处高温期，植株荫蔽，容易遭受病虫害，要及早防治。

主要参考文献

[1] 王香萍，郭华，李华英，等．绿色谷子生产操作规程．山西农业，2003（3）：27～28

[2] 黄瑞冬，方子山，赵凤喜．无公害谷子生产与加工技术．北京：中国农业科学技术出版社，2006

[3] 王计平．谷子科学种植技术．北京：中国社会出版社，2006

[4] 古兆明，古世禄．山西谷子起源与发展研究．北京：中国农业科学技术出版社，2007

[5] 刁现民．中国谷子产业与产业技术体系．北京：中国农业科学技术出版社，2011

[6] 辽宁省科学技术协会．无公害谷子生产与加工新技术．沈阳：辽宁科学技术出版社，2011

[7] 栾素荣．谷子种植技术问答．北京：化学工业出版社，2013